中央财政支持高等职业学校提升专业服务产业发展能力项目
省级示范性高职院校 建设项目成果

工程造价（公路工程）专业教学标准与课程标准

舒国明 主编
郝士华 副主编
李中秋 主审

人民交通出版社

内 容 提 要

本书为示范性高职院校重点建设项目成果。全书包括两部分:工程造价(公路工程)专业教学标准和课程标准。

本书可用于指导工程造价(公路工程)专业人才培养方案的设计与课程开发,还可作为该专业教材编写的参考资料。

图书在版编目(CIP)数据

工程造价(公路工程)专业教学标准与课程标准 / 舒国明主编. —北京: 人民交通出版社, 2014.1

ISBN 978-7-114-11180-8

Ⅰ.①工… Ⅱ.①舒… Ⅲ.①道路工程 - 工程造价 - 课程标准 - 高等职业教育 - 教学参考资料 Ⅳ.①U415.13

中国版本图书馆 CIP 数据核字(2014)第 032325 号

Gongcheng Zaojia(Gonglu Gongcheng)Zhuanye Jiaoxue Biaozhun yu Kecheng Biaozhun

书　　名: **工程造价(公路工程)专业教学标准与课程标准**

著 作 者: 舒国明

责任编辑: 丁润铎　袁　方　温　婧

出版发行: 人民交通出版社

地　　址: (100011)北京市朝阳区安定门外外馆斜街 3 号

网　　址: http://www.ccpress.com.cn

销售电话: (010)59757973

总 经 销: 人民交通出版社发行部

经　　销: 各地新华书店

印　　刷: 北京市密东印刷有限公司

开　　本: 787 × 1092　1/16

印　　张: 8.5

字　　数: 220 千

版　　次: 2014 年 1 月　第 1 版

印　　次: 2014 年 1 月　第 1 次印刷

书　　号: ISBN 978-7-114-11180-8

定　　价: 25.00 元

(有印刷、装订质量问题的图书由本社负责调换)

前　言

专业教学标准是人才培养工作的总体设计和实施蓝图，是办学理念和教育思想的集中体现，是专业组织管理教育教学过程、监控教育教学质量和评价专业人才培养质量的纲领性文件，要符合高端技能型专门人才的培养规律，具有相对稳定性，又要体现对接行业、企业、服务经济社会发展、培养市场需求人才的特点。

专业课程标准是规定课程的性质、目标、内容框架，提出教学建议和评价建议的纲领性教学文件，是编选教材、组织教学、评价和考核的基本依据，是推进课程建设，实现专业教学标准的重要保障。

《国家中长期教育改革和发展规划纲要(2010—2020)》中指出："大力发展职业教育，职业教育要面向人人、面向社会，着力培养学生的职业道德、职业技能和就业创业能力"。在此背景下，为了加强工程造价(公路工程)专业的建设，提高教育教学质量，特编写此书。

教学标准在制定过程中，多次进行企业调研，明确培养目标和人才规格，强调校企合作，优化课程结构，促进学生的综合职业能力及可持续发展。课程标准在制定过程中，掌握以下基本原则：

1. 系统性原则。以学生综合素质的培养为出发点，体现高职教育特征，确立素质、知识与能力"三位一体"课程教学目标，统筹安排课程教学内容、设计教学组织实施活动及方案和科学教学评价等环节，科学整合理论教学与实践教学内容，采用恰当的教学模式，合理安排教学时间，实现课程教学设计最优化。

2. 发展性原则。紧跟科学技术进步和社会经济发展趋势，充分吸收课程在社会应用及教学改革中的新成果，更新教学内容，创新教学方法，设计教学活动，为学生个性发展、全面发展奠定基础。

3. 实用性原则。课程内容必须符合企业相应职业岗位的实际需要，与国家和行业职业标准对接，反映本课程对学生素质、知识与能力等专业教育教学的基本要求，体现本课程教学目标的针对性、教学内容的导向性和教学方法的适用性。

4. 团队编写原则。每门课程要以教学团队的形式在共同研讨的基础上共同编写，共同审核。

专业教学标准对招生对象、学制学历、培养目标、职业面向、人才培养规格、岗位能力分析、课程体系、课程设置及教学安排、教师要求、实训条件等方面做了具体要求。专业课程标准主要内容包括课程性质与作用、课程设计理念、课程目标、课程内容与要求、课程实施与建议、教学设计与教材编写建议、课程资源开发与利用。

本书由河北交通职业技术学院组织编写。全书共包括两部分，第一部分为工程造价（公路工程）专业教学标准；第二部分为工程造价（公路工程）专业课程标准。本书由舒国明主编，郝士华副主编。第一部分由舒国明执笔，第二部分由造价专业相关教师团队共同完成，全书由李中秋教授担任主审。

本书在编写过程中，得到河北交通职业技术学院院领导及教务处和河北省交通运输厅公路工程定额站的大力支持，在此深表谢意。

由于编者的水平有限，书中疏漏之处在所难免，敬请读者批评指正，以便修改。

编者

2013 年 10 月

目　　录

工程造价(公路工程)专业教学标准

【专业名称】

工程造价(公路工程)

【专业代码】

560502

【招生对象】

普通高中毕业生(文/理科)

【学制与学历】

学　　制:标准学制3年;弹性学制2~5年

学　　历:普通全日制专科

【培养目标】

本专业面向公路交通行业,培养从事公路工程设计、施工、监理、造价咨询等工作,具有造价费用计算、标底编制、施工管理、工程计量、造价咨询、工程审计、造价评估和审查等能力的高端技能型专门人才。

【职业面向】

本专业毕业生主要面向公路工程行业的建设、设计、施工、监理、咨询等单位。

(1)建设单位:编制项目建议书投资估算、工程可行性研究报告投资估算、招标、工程结算、竣工决算等工作。

(2)设计院:编制施工图预算、概算、修正概算、预算文件审查等工作。

(3)施工单位:施工预算、成本核算、编制施工组织设计、投标报价、计量、施工管理等工作。

(4)监理单位:计量、单价分析、审核变更合理性等工作。

(5)审计部门:工程审计、造价文件审查评估等工作。

【人才培养规格】

1　人才质量标准

(1)知识结构

①具有必要的公路识图与制图知识。

②了解新的建筑材料,掌握常用的建筑材料的名称、规格、性能和保管方法。

③熟悉施工现场的定位、放线、抄平等测量工作。

④了解公路设计基本原理,掌握公路建筑结构、地基与基础等基本知识。

⑤掌握公路工程定额的基本理论及具体应用。

⑥掌握公路工程投标报价的基本理论与一般专业知识。

⑦了解有关经济法规与工程合同管理知识。

⑧了解工程档案管理基本知识,对单位工程能编制出一套完整的竣工资料。

⑨掌握公路施工企业的一般经营管理、项目管理知识和技能。

⑩了解有关工程经济知识及有关工程技术知识。

⑪掌握计算机应用基础知识。

⑫具有一门外语知识。

⑬初步掌握马列主义、毛泽东思想和邓小平理论。

⑭具有工程成本会计的基本知识。

⑮了解从事工程造价管理企业经营与管理的基本知识。

⑯掌握公路施工企业工程造价的确定、控制与分析的基本知识。

(2)能力结构

①具有较强的识读各类工程图纸的能力。

②具有公路工程预(结)算的编制能力。

③具有一般工程投标报价的能力。

④具有企业经营与管理的初步能力,如文字与口头表达能力、社会公关能力、招揽工程任务的能力、工程管理能力、组织管理能力等。

⑤熟练掌握计算机操作的基本技能,具有计算机在本专业的一般应用能力。

⑥能正确选择和使用建筑材料。

⑦能初步运用马列主义、毛泽东思想和邓小平理论分析解决问题。

⑧具有一定的自学能力。

⑨具有良好的职业道德和一定的创新意识和创新能力。

⑩具有良好的身心素质和一般的审美能力。

(3)素质结构

①具有良好的职业道德素养,能遵守并维护国家宪法和法律,遵守交通建设工程行业的相关法律、法规。

②具有良好的社会适应能力、人际交流能力、团队协作能力、吃苦耐劳精神和职业服务意识。

③具有安全、文明生产和环境保护的相关知识和技能。

④具有良好的文化修养和健康的心理素质,有良好的行为习惯和健康的体魄,在校期间达到国家规定的体育锻炼标准。

⑤具有较扎实的本专业基础理论知识和从事本专业工作的基本技能、综合实践能力,具有较强的就业能力和创业能力。

2 职业资格证书

在下列职业资格证书中,至少获得其中一项:

(1)获得劳动部门颁发的国家测量高级工职业资格证书;

(2)造价员上岗或培训证书。

【岗位能力分析】

通过任务和职业能力分析,确定工作项目、工作任务和职业能力,见表1-1。

工作项目:指一组具有相关性的工作任务组成的工作领域。它可能与工作岗位相对应,也可能不对应,主要取决于不同职业的劳动组织形式。工作项目的确定有多种划分方式,有的可以按工作性质来划分,有的可以按工作过程或工作流程来划分。工作项目不能理解为就是专门化方向。

工作任务:指工作过程中需要完成的具有相对独立性的任务。

职业能力:指完成工作任务所需的知识、技能和态度,技能包括动作技能和智慧技能。

工程造价专业工作任务与职业能力分析 表 1-1

工作项目	工作任务	职业能力
1. 编制招投标文件	1.1 编制招标文件	1.1.1 熟悉招标程序; 1.1.2 熟悉招标文件内容; 1.1.3 了解相关法律法规
	1.2 编制工程量清单	1.2.1 熟悉招标范本; 1.2.2 熟悉施工工艺、施工方法; 1.2.3 熟悉工程量清单构成; 1.2.4 掌握工程量清单编制方法; 1.2.5 能编制公路工程建设项目标底
	1.3 编制投标技术文件	1.3.1 熟悉施工工艺、施工方法; 1.3.2 掌握施工方案编制方法; 1.3.3 掌握施工组织设计编制方法
	1.4 编制投标商务文件	1.4.1 熟悉招投标文件范本; 1.4.2 熟悉投标程序、投标技巧; 1.4.3 了解相关法律法规
	1.5 投标报价	1.5.1 掌握投标报价计算方法; 1.5.2 熟悉报价技巧; 1.5.3 了解报价要求
2. 编制公路工程造价	2.1 估算编制	2.1.1 熟悉投资估算构成; 2.1.2 熟悉估算指标; 2.1.3 熟悉估算编制方法,掌握编制技巧; 2.1.4 了解相关规定
	2.2 概算编制	2.2.1 具备一定识图能力; 2.2.2 熟悉概算构成、概算定额内容; 2.2.3 熟悉概算编制方法,掌握编制技巧; 2.2.4 熟悉施工工艺,熟悉人料机的安排使用; 2.2.5 了解相关规定
	2.3 预算编制	2.3.1 能看懂图纸; 2.3.2 熟悉预算构成、预算定额内容; 2.3.3 熟悉预算编制方法,掌握编制技巧; 2.3.4 熟悉施工工艺,熟悉人料机的安排使用; 2.3.5 熟练应用造价软件; 2.3.6 了解相关规定
	2.4 工程结算	2.4.1 熟悉工程计量相关知识; 2.4.2 熟悉合同管理知识; 2.4.3 会进行工程计量与工程结算; 2.4.4 能进行公路工程造价审查

续上表

工作项目	工作任务	职业能力
2. 编制公路工程造价	2.5 竣工决算	2.5.1 熟悉合同条款,具备合同管理知识; 2.5.2 能看懂和编制财务报表; 2.5.3 掌握工程经济常识; 2.5.4 能正确进行工程决算; 2.5.5 能进行公路工程造价审查
3. 工程造价管理与控制	3.1 施工组织设计	3.1.1 熟悉施工工艺、施工程序; 3.1.2 熟悉施工组织设计的编制方法; 3.1.3 具备项目管理基本知识; 3.1.4 能动态调整施工组织设计
	3.2 成本控制	3.2.1 具备基本成本会计知识; 3.2.2 具备财务管理知识; 3.2.3 能与项目管理人员和技术人员协作; 3.2.4 能进行成本的预测、决策、控制、分析、核算
	3.3 项目管理	3.3.1 熟悉施工工艺、施工方法; 3.3.2 熟悉公路施工企业管理制度、管理方式; 3.3.3 熟悉公路施工项目管理内容; 3.3.4 掌握项目管理方法
4. 项目评估、造价咨询	4.1 项目评估	4.1.1 熟悉项目评估程序; 4.1.2 掌握项目评估方法; 4.1.3 了解项目评估相关法规
	4.2 造价咨询	4.2.1 了解造价咨询性质; 4.2.2 熟悉造价咨询工作内容; 4.2.3 掌握造价咨询相关知识

【课程体系】

1 课程体系及课程一览表

根据专业教学要求,确定专业核心课程与专项能力实训项目,说明主要教学内容、要求和课时数,课程设置见表1-2。

工程造价专业课程设置 表1-2

课程类型	课程设置			
公共素质教育课	思想政治理论	体育	高等数学	大学英语
	计算机应用基础			
专业素质教育课	工程力学	工程测量	工程制图	道路建筑材料
	土力学与地基基础	公路 CAD		
专业核心及专业特色课程	公路工程造价	结构设计原理	公路建设项目管理	工程技术经济学
	公路施工技术	工程成本控制	公路施工组织设计	招投标与合同管理
	公路概论	定额编制与管理	公路计量与支付	会计学概论

2 职业素质教育课程

(1)思想政治理论:按照中共中央宣传部教育部关于印发《〈中共中央宣传部教育部关于进一步加强和改进高等学校思想政治理论课的意见〉实施方案》的通知(教社政[2005]9 号)的意见执行。在一至四学期开设,含思想道德修养与法律基础、形势与政策、毛泽东思想和中国特色社会主义理论体系概论等三门课程,每周 2 学时,总计 134 学时。其中:

一年级开设思想道德修养与法律基础,3 学分;

二年级开设毛泽东思想和中国特色社会主义理论体系概论,4 学分;

形势与政策,1 学分,每学期安排 4 学时,分 4 学期安排。

(2)大学英语:在一至二学期开设,7 学分,每周 4 学时,总计 128 学时。大学英语课程以培养学生实际应用英语的能力为目标,侧重职场环境下语言交际能力的培养,使学生逐步提高用英语进行交流与沟通的能力。同时,大学英语课程要使学生掌握有效的学习方法和策略,培养学生的学习兴趣和自主学习能力,提高学生的综合文化素养和跨文化交际意识,为提升学生的就业竞争力及未来的可持续发展打下必要的基础。要求学生参加并通过全国高等学校英语应用能力考试 B 级(含以上)考试。

(3)计算机应用基础:4 学分,总计 70 学时。其中,第一学期完成 60 学时,第二学期在河北省计算机等级考试之前安排 10 学时的实践训练。通过课程教学对学生进行计算机基本技能训练,使学生具有 Windows、Office 等办公软件的基本运用能力,以满足和适应信息化社会的职业要求。要求学生参加并通过河北省高校计算机等级考试一级(含以上)考试。

(4)体育:在一至三学期开设,4 学分,每周 2 学时,总计 94 学时。通过体育课程使学生学会体育锻炼的方法,掌握不少于 2 项的体育锻炼项目,养成终身体育锻炼的意识、能力和习惯,保证每天运动 1 小时,达到由教育部、国家体育总局规定的《大学生体质健康标准》。

(5)高等数学:在第一学期开设,4 学分,每周 4 学时,总计 60 学时。通过数学课程使学生具有应用数学解决实际问题的能力,为学生可持续发展和取得相关专业职业资格证书奠定必要的知识、能力基础。

(6)大学生心理健康教育:在第一学期开设,2 学分,总计 30 学时。执行《关于印发高校学生心理健康教育课程教学基本要求的通知》(冀教政体[2011]26 号)文件精神,通过本课程的教学,使学生具备心理健康的意识和能力,提升学生的心理素质,促进学生心理健康发展。

(7)创新能力教育:在第二学期开设,1 学分,总计 17 学时。通过教学活动,使学生树立创新意识、锻炼创新思维、掌握创新方法,从而提高学生的创新能力。

(8)大学生职业发展与就业指导:分两部分进行,第一部分《大学生职业发展》在第二学期开设,1 学分,17 学时;第二部分《就业指导》以讲座形式开设,安排在第五学期,1 学分,16 学时。

(9)语言与职业:在第一学期开设,2 学分,总计 30 学时。通过该课程的教学,加强学生人文知识拓展和人文实践训练,培养学生阅读、理解、评判和语言运用的能力,为提升学生综合素养、全面发展和可持续发展打好基础。依据《河北省实施〈中华人民共和国国家通用语言文字法〉办法》第十条规定,要求学生参加国家普通话水平测试,并达到二级乙等以上等级标准。

(10)入学教育及军事理论与训练:由学院统一安排在第一学期进行,2 学分,约 2 周。

3 专业课程与实训项目

专业技能课程与岗位综合训练课程(表 1-3),指本专业学生按照教学要求必学的必修课和限选课，不包括任选课；主要教学内容指课程的基本教学内容，技能考核项目与要求指与教学内容相对应的基本技能知识要求。

专业技能课程与综合实训课程 表1-3

课程/项目	主要教学内容	技能考核项目与要求	学时
专业素质教育课程			
1. 工程力学	工程力学基础知识； 一般构件的受力分析，受力图的绘制方法，力系平衡原理及计算方法，杆件强度、刚度和稳定性的概念与计算，梁中任一点应力状态的分析与计算； 一般工程结构的计算简图，结构的组成规律，以及结构在外因影响下的强度、刚度和稳定性的计算原理和计算方法； 材料应力分析方法及材料力学试验的基本知识，进行相应试验技能训练	根据工程结构平衡方程计算工程结构的反力和内力；判断危险截面并进行承载能力分析与计算； 绘制移动荷载作用影响线以及合理布置工程结构荷载； 承担路桥工地现场施工中工程结构力学分析与承载力、稳定性验算等工作	60
2. 工程测量	工程测量基础知识； 经纬仪、水准仪、全站仪、GPS等常用测绘仪器的构造、使用、维护、检验与校正； 水准测量、角度测量、距离丈量及直线定向等各项基本测量工作的方法和测量数据的处理； 平面控制测量、高程控制测量、大比例尺地形测量的外业测量、内业计算方法及其数据误差分析处理； 公路交点与转点的测设、圆曲线主点测设、圆曲线详细测设，平曲线、复曲线； 公路纵、横断面测量	会操作使用水准仪、光学经纬仪、钢尺、光电测距仪、GPS、全站仪、罗盘仪、平板仪等常用测绘仪器； 能操作使用常用测量仪器完成路桥施工现场平面控制、高程控制及地形测量； 会中线测设与公路纵、横断面测量，路线坐标放样； 达到“公路测量工”国家职业标准中“测量方案制订、测量准备、测量作业、测量数据处理、测量仪器维护”考证的基本要求与工作要求，取得中级“公路测量工”职业资格证书	90
3. 工程制图	制图基础与投影基本知识； 投影理论在道路工程制图方面的应用、几何作图方法和制图基本规则； 路桥工程图识读与绘制	会识读和绘制路桥工程设计图； 达到“公路工程施工管理人员”培训考试合格证书中“工程制图”考证的基本要求	60
4. 道路建筑材料	土的分类方法、土的工程性质及相关土质物理性质实验； 常用道路建筑材料（砂石材料、石灰和水泥、水泥混凝土和建筑砂浆、无机结合料稳定材料、沥青材料、沥青混合料、工程聚合物材料、建筑钢材）的组成、结构、技术性质和应用，天然的砂、石料、水泥、水泥混凝土、沥青混凝土的基本性能及适用范围，常用道路建筑材料的试验方法与检测技术； 水泥混凝土、沥青混凝土和集料的配合比设计； 木材、钢材和新型建筑材料的性能及应用	完成公路、桥梁工程中常用道路建筑材料原材料的试验与检测工作，以及常用集料级配和混合料配合比的设计计算工作； 会处理、分析与评定公路、桥梁工程中常规试验检测结果数据； 达到交通运输部“公路工程试验检测员”资格证书中“道路建筑材料试验与检测技术”考证的基本要求； 达到“公路试验检测工”国家职业标准中“集料试验、水泥试验、水泥混凝土与砂浆试验、沥青试验、沥青混合料试验、钢筋和钢绞线试验”考证的基本要求与工作要求，取得中级“公路试验检测工”职业资格证书	68

续上表

课程/项目	主要教学内容	技能考核项目与要求	学时
5. 土力学与地基基础	土的工程性质分析及工程分类； 土的力学性质土力学原理和有关计算方法； 天然地基上浅基础的设计，软弱地基的处理方法； 桩基础的计算原理和单桩承载力的计算方法，沉井基础的基本知识； 地基基础知识；地基处理基本方法与施工工艺	分析土的三相体系与土的结构粒度成分，确定土的工程性质指标，鉴定土的类别； 计算地基基础沉降量，确定地基容许承载力； 掌握基础工程的构造和设计原理，确定地基基础埋置深度； 达到“公路试验检测工”国家职业标准中“土工试验、石料试验”考证的基本要求与工作要求，取得中级“公路试验检测工”职业资格证书	68
6. 公路CAD	CAD 技术的基本概念和理论； 各类图形输入、输出设备（如：键盘、鼠标、扫描仪、显示器、显示卡、打印机、绘图仪等）的工作原理和各项主要技术指标； 二维图形生成的原理和常用算法，主要几种图形变换（二维、三维几何变换、投影变换和窗口裁剪）的工作原理和实现方法	熟练掌握 AutoCAD 2012 的基本命令； 了解计算机图形系统中有关硬件配置方面的基本知识； 掌握图形生成与输出的基本原理，学会图形设计的基本方法； 能够运用 AutoCAD 完成中等复杂程度的公路桥梁施工图	48
专业核心课程 12 门			
1. 公路工程造价	公路工程造价基础； 公路工程定额运用，公路工程概预算编制，公路工程招标标底与投标报价编制，公路工程费用结算与竣工决算，公路工程造价文件审查，公路工程造价实用软件操作，概预算编制实践； 工程计量与支付	运用公路工程概、预算定额，编制公路工程项目概预算造价文件，编制公路工程招标标底与投标报价，编制公路工程费用结算与竣工决算； 能够进行公路工程造价分析、计算、审查与控制，利用公路工程造价实用操作软件计算完成工程造价编制	72
2. 结构设计原理	各种结构构件设计的基本理论和方法，培养学生设计各种构件的能力； 钢筋混凝土结构，预应力混凝土结构，砖、石及混凝土结构	初步掌握钢筋混凝土受弯构件正截面和斜截面的强度计算； 能够进行正截面纵筋和斜截面剪力钢筋的设计并能验算其强度； 能够对受弯构件进行正常使用和施工:阶段的应力、变形、裂缝验算，理解梁桥上部构造钢筋的作用，并为桥梁课程学习和桥梁结构设计打下 ·个牢固的基础	48
3. 公路建设项目管理	合同管理与招投标管理知识； 施工项目质量管理与安全管理知识； 施工组织管理知识； 成本管理知识； 计算机辅助施工项目管理知识； 建设项目后评估知识	掌握项目管理基本知识，在工程建设领域推行项目管理，提高工程质量、保证工期、降低成本； 能进行项目组织、项目计划、项目控制	48

续上表

课程/项目	主要教学内容	技能考核项目与要求	学时
4. 工程技术经济学	公路工程经济静态分析、公路工程经济动态分析； 效益费用分析知识； 财务分析知识； 不确定性分析与风险分析的基本知识	具备技术经济分析的基本知识； 具备财务分析基本知识； 能在工作中技术与经济相结合，适应公路建设发展的需要	48
5. 工程成本控制	工程成本预测方法； 工程成本决策方法； 工程成本计划方法； 工程成本控制方法； 工程成本核算方法； 工程成本分析方法； 工程成本责任制的建立与考核方法	能在施工中配合项目经理进行成本控制	48
6. 公路施工技术	施工放样的基本方法；控制点复测的方法；路线中线放样的方法；路基路面横断面的施工放样方法； 路堤填筑施工工艺流程和控制要点；湿软地基处理的常用方法；路堑开挖施工工艺流程和控制要点；防护与支挡工程施工控制要点；常见路基病害产生的原因及防治方法； 路面基层（底基层）施工工艺和控制要点；常见路面垫层的种类；沥青混凝土以及水泥混凝土施工工艺和控制要点；常见路面病害产生的原因及防治方法	能看懂施工图设计文件；能够根据施工图纸进行点位高程、坐标计算；能进行公路中线、路基路面的放样； 能够按照施工图纸合理安排路基填挖、防护支挡工程施工；能够进行土石方调配；能够进行现场的机械、人员调配；能够对常见的路基病害进行处治；能够对湿软地基进行处理；能够对路基工程质量进行检验、评定；能够整理施工资料； 能够按照施工图纸合理安排路面垫层、底基层、基层、面层施工；能够进行半刚性基层材料、沥青混凝土混合料、水泥混凝土配比试验；能够进行现场的机械、人员调配；能够对常见的路面病害进行处治；能够对路面工程质量进行检验、评定；能够整理施工资料	48
7. 公路施工组织设计	公路建设管理的基本知识，施工组织设计的基本原则和方法； 现代公路施工企业管理科学的基本原理和方法； 施工生产过程时间组织、网络计划图绘制与优化、公路工程施工组织设计编制、公路工程项目施工管理、施工生产要素管理	具有公路工程施工管理基本知识； 具备编制公路工程施工组织设计的能力； 运用工程项目管理的内容与方法对工程进行项目管理； 进行工程项目施工生产管理、劳动管理、计划管理、质量管理、安全管理、技术管理与财务成本管理； 达到“公路工程施工管理人员”职业资格证书中“公路工程施工项目组织与管理”考证的基本要求	48

续上表

课程/项目	主要教学内容	技能考核项目与要求	学时
8. 招投标与合同管理	公路工程施工招投标文件的编制方法、程序； 公路工程施工监理招投标的程序、方法； 与招投标相关的法律法规； 合同与合同法律知识； 国内外工程项目合同管理的内容与方法	了解公路建设招投标的意义、目的； 掌握公路建设招投标的工作程序、招标文件、投标文件的编写方法、招标政策、投标策略，为参加工作打下基础； 熟悉合同法，掌握合同管理的相关知识； 增强法律意识及管理能力，能进行合同的管理与控制	48
9. 公路概论	公路的建设程序； 公路路线组成； 公路结构组成； 公路各组成结构的作用	了解公路建设的意义； 熟悉公路的建设程序； 掌握公路的路线组成、结构组成及其作用； 对公路工程有一个初步的认识	68
10. 定额编制与管理	工程材料、主要施工机械、公路工程施工定额、公路工程机械台班费用定额编制办法； 公路工程预算定额、公路工程概算定额、公路工程估算指标编制办法； 建设工期定额、公路基本建设工程费用定额、公路基本建设工程投资估算和概预算编制办法	掌握公路工程定额的编制与管理方法； 熟悉如何利用定额进行造价计算	60
11. 公路计量与支付	计量与支付基础知识； 路基工程计算规则及支付方法； 路面工程计量规则及支付方法； 桥涵工程计量规则及支付方法； 隧道工程计量规则及支付方法； 沿线设施及绿化工程计量规则及支付方法	掌握公路工程路基、路面、桥涵、隧道等施工方法的选择及计量规则； 能独立担任工程计量工作	60
12. 会计学概论	公路基本建设资金来源的核算； 设备的核算； 公路基本建设资金投资核算； 交付使用资产的核算； 其他基建事项的核算； 公路建设单位会计报表	掌握会计学的基本原理； 能以专业的眼光阅读财务报表，并对财务报表予以初步的分析和运用	48
综合实训课程			
1. 测量综合实训	测量仪器以及操作准备； 导线控制网外业踏勘选点布置，平面控制测量，高程控制测量，控制网内业计算； 地图测绘； 测量综合实训内业工作	熟练操作测量仪器； 外业选点布置导线控制网，进行平面控制测量和高程控制测量，完成导线控制网内业计算工作，测绘路线地形图及用地图，完成测量综合实训内业工作； 达到“公路测量工”国家职业标准中“测量方案制订、测量准备、测量作业、测量数据处理、测量仪器维护”考证的基本要求与工作要求	3周

续上表

课程/项目	主要教学内容	技能考核项目与要求	学时
2. 公路造价软件实训	分项工程工程量确定； 定额选择时注意事项； 主要讲解例题及计算规则	熟练使用造价软件，加快造价计算速度	1 周
3. 造价案例分析实训	造价案例计算	亲自动手参与造价计算全过程，达到熟悉造价计算、掌握专业技能的目的	1 周

【课程设置及教学安排】

课程设置及教学安排见表 1-4 ~ 表 1-7。

专业必修课课程设置及教学安排　　表 1-4

课程性质	课程类别	序号	课程编码	课程名称	学分	教学学时数			学年、学期、周数、周学时分配												备注
									第一学年				第二学年				第三学年				
						总学时	理论学时	实践学时	第一学期		第二学期		第三学期		第四学期		第五学期		第六学期		
									周数	学时	周数	学时	周数	学时	周数	学时	周数	学时	周数	学时	
必修课	职业素质教育课程	1	07010002	高等数学	4	60	60	0	15	4											
		2	07030004	大学英语	7	128	128	0	15	4	17	4									
		3	07040009	创新能力教育	1	17	17	0			17	1									
		4	07040010	大学生心理健康教育	2	30	30	0	15	2											
		5	07040012	大学生职业发展与就业指导	2	33	33	0			17	1	16 学时								
		6	07040017	毛泽东思想和中国特色社会主义理论体系概论	4	54	54	0					15	2	12	2					
		7	07040018	思想道德修养与法律基础	3	64	64	0	15	2	17	2									
		8	07040019	形势与政策	1	16	16	0	1	4	1	4	1	4	1	4					分四学期安排
		9	07060001	体育	4	94	6	88	15	2	17	2	15	2							
		10	07070001	计算机应用基础	4	70	30	40	15	4	10 学时										第二学期集中实训
		11	07050007	语言与职业	2	30	30	0	15	2											
		12	00000108	公益劳动	2	48	0	48	1	24	1	24									第一、二学期各 1 周

续上表

课程性质	课程类别	序号	课程编码	课程名称	学分	教学学时数			学年、学期、周数、周学时分配												备注
									第一学年				第二学年				第三学年				
									第一学期		第二学期		第三学期		第四学期		第五学期		第六学期		
						总学时	理论学时	实践学时	周数	学时	周数	学时	周数	学时	周数	学时	周数	学时	周数	学时	
必修课	职业素质教育课程	13	00000100	入学教育	1	24	0	24	1	24											第一学期2周
		14	00000101	军事理论与训练	1	48	0	48	2	24											
	小计				38	716	468	248		96		48		4		2		0			
	专业技能课程	15	01030024	工程制图	3.5	60	56	4	15	4											
		16	07020003	工程力学	3.5	60	56	4	15	4											
		17	01030005	道路建筑材料	4	68	36	32			17	4									
		18	01030006	土力学与地基基础	4	68	52	16			17	4									
		19	01030001	公路概论	4	68	60	8			17	4									专业核心课
		20	01010188	建筑构造与识图	4	68	48	20			17	4									
		21	01030003	工程测量	5.5	90	54	36					15	6							专业核心课
		22	01030160	定额编制与管理	3.5	60	52	8					15	4							专业核心课
		23	01030178	建筑结构与识图	3.5	60	48	12					15	4							
		24	01010147	建筑定额与概预算	3.5	60	48	12					15	4							
		25	01030164	公路计量与支付	3.5	60	52	8					15	4							专业核心课
		26	01010029	公路施工技术	3	48	36	12							12	4					专业核心课
		27	01020028	结构设计原理	3	48	36	12							12	4					专业核心课
		28	01010049	工程技术经济学	3	48	44	4							12	4					专业核心课
		29	01010032	公路工程造价	4.5	72	42	30							12	6					专业核心课

续上表

课程性质	课程类别	序号	课程编码	课程名称	学分	教学学时数			学年、学期、周数、周学时分配												备注
									第一学年				第二学年				第三学年				
									第一学期		第二学期		第三学期		第四学期		第五学期		第六学期		
						总学时	理论学时	实践学时	周数	学时	周数	学时	周数	学时	周数	学时	周数	学时	周数	学时	
必修课	专业技能课程	30	01030176	招投标与合同管理	3	48	40	8							12	4					专业核心课
		31	01030177	公路建设项目管理	3	48	40	8									12	4			专业核心课
		32	01010055	工程成本控制	3	48	40	8									12	4			专业核心课
		33	01030161	会计学概论	3	48	36	12									12	4			专业核心课
		34	01020012	公路 CAD	3	48	24	24									12	4			
		35	01010031	公路施工组织设计	3	48	36	12									12	4			专业核心课
		36	01040092	测量综合实训	4.5	72	0	72					3	24							集中实训
		37	01010161	公路造价软件实训	2	36	0	36							1	36					集中实训
		38	01010063	造价案例分析实训	2	36	0	36							1	36					集中实训
	小　计				82.5	1370	936	434		8		16						20			
		39	00000102	专项顶岗实习	12	288	0	288							6		6				
		40	00000103	毕业实习	10	240	0	240													
		41	00000104	毕业论文																	
		42	00000105	毕业设计	6	144	0	144													
		43	00000106	毕业答辩	1	24	0	24													
		44	00000107	毕业教育	1	24	0	24													
	小　计				30	720	0	720													
学分总计					150.5																
课时总计						2806	1404	1402													
考试课程门数										3		3		3		3		3			
考查课程门数										7		6		5		4		2			

表 1-5

专业选修课课程设置及教学安排

课程性质		序号	课程编码	课程名称	学分	教学学时数 总学时	理论学时	实践学时	第一学年 第一学期 周数	学时	第二学期 周数	学时	第二学年 第三学期 周数	学时	第四学期 周数	学时	第三学年 第五学期 周数	学时	第六学期 周数	学时	备注
选修课	公共选修课	1	00000001	公关礼仪	1	30															公共选修课课程在第2－4学期对全院各专业学生开设，由教务处确定并统一安排，学生在校期间至少选修2门公共选修课。 带*号的为项目管理专业自考本科课程。
		2	00000006	桥牌基础	1	30															
		3	00000012	会计知识	1	30															
		4	00000013	证券投资	1	30															
		5	00000017	保险学	1	30															
		6	00000020	中华饮食文化	1	30															
		7	00000024	数学应用与实验	1	30															
		8	00000025	Photoshop 图像处理	1	30															
		9	00000026	道路交通安全	1	30															
		10	00000027	健美操	1	30															
		11	00000028	人际交往中的心理学	1	30															
		12	00000030	形体与舞蹈	1	30															
		13	00000031	平面动画 flash	1	30															
		14	00000034	中外建筑文化	1	30															
		15	00000036	房地产法律实务与案例	1	30															
		16	00000038	电子商务基础应用	1	30															
		17	00000039	中国哲学与人生智慧	1	30															
		18	00000040	音乐美学	1	30															
		19	00000041	交通法规	1	30															
		20	00000042	职场英语口语和写作	1	30															
		21	00000044	计算机网络技术	1	30															
		22	00000045	中国传统文化	1	30															
		23	00000049	服饰装扮与色彩搭配	1	30															

续上表

课程性质		序号	课程编码	课程名称	学分	教学学时数			学年、学期、周数、学时分配												备注
									第一学年				第二学年				第三学年				
									第一学期		第二学期		第三学期		第四学期		第五学期		第六学期		
						总学时	理论学时	实践学时	周数	学时	周数	学时	周数	学时	周数	学时	周数	学时	周数	学时	
选修课	公共选修课	24	00000050	影视艺术欣赏	1	30															
		25	00000052	沟通的能力和艺术	1	30															
		26	00000054	大学生投资与理财	1	30															
		27	00000055	中国近现代史纲要 *	1	30															
		28	00000056	马克思主义基本原理概论 *	1	30															
	小　计				2	60															
	专业限选课	1	01010170	隧道施工技术	3	48	36	12									12	4			
		2	01020083	公路小桥涵施工技术	3	48	36	12							12	4					
	专业任选课	1	00000025	Photoshop 图像处理	2	34	0	34			17	2									限选1门
		2	01030104	中外建筑史	2	24	24	0									12	2			
学分总计					8																
课时总计						130	72	58													
课程门数												1				1		2			

专业技能周教学安排　　表1-6

序号	课程编码	课程名称	技能	学分	学期	周数	说明
1	01040092	测量综合实训	能够使用测量仪器，完成碎部测量，绘制校园平面图	3	3	3	
2	01010161	公路造价软件实训	能够熟练操作使用公路造价软件	1	4	1	
3	01010063	造价案例分析实训	集中1周上课，能够进行各种造价案例分析	1	4	1	

教学进程　　表1-7

年级	学期＼周次	1	2	3	4	5	6	7	8	9	10	11	12	13	14	15	16	17	18	19	20	21	22	23	24	25	26	27
一年级	第一学期	⊙	★	◆	□	□	□	□	□	□	□	□	□	□	□	□	□	□	□	√	●	—	—	—	—	—	—	—
	第二学期	□	□	◆	□	□	□	□	□	□	□	□	□	□	□	□	□	□	□	√	●	—	—	—	—	—	—	—

续上表

年级	学期 \ 周次	1	2	3	4	5	6	7	8	9	10	11	12	13	14	15	16	17	18	19	20	21	22	23	24	25	26	27
二年级	第三学期	□	□	□	□	□	□	□	□	□	□	□	□	□	□	□	L1	L1	L1	√	●	—	—	—	—	—	—	—
	第四学期	□	□	□	□	□	□	□	□	□	□	□	□	√	●	L2	L2	L2	L2	L2	L2	S	S	S	S	S	S	S
三年级	第五学期	L2	L2	L2	L2	L2	L2	□	□	□	□	□	□	□	□	□	□	□	□	√	●	—	—	—	—	—	—	—
	第六学期	#	#	#	#	#	#	#	#	#	#	▩	▩	▩	▩	▩	▩	▲	☆			—	—	—	—	—	—	—

说明：⊙－入学教育，★－军训，□－理论教学，◆－公益劳动，√－复习周，●－考试，—假期，S－社会实践，#－顶岗实习，▩－—毕业论文，▲－论文答辩，#－毕业实习，☆－毕业教育，E－专业实验或实习，☆－毕业教育，L2－顶岗实习，L1－测量实习

【课程设置及学时、学分分配比例】

课程设置及学时、学分比例见表1-8。

专业课程设置及学时、学分比例　　表1-8

课程性质/类型 \ 学时/学分		学时	%	学分	%	课程性质/类型 \ 学时/学分	学时	%	学分	%
必修课	素质教育课	716	25.5	38	25.2	必修课	2806	95.6	150.5	95
	专业技能课	1370	48.8	82.5	54.8	选修课	130	4.4	8	5
	岗位综合训练课	720	25.7	30	19.9	合计	2936	100	158.5	100
合计		2806	100	150.5	100					

实践教学学分	30			
一年级学分	第一学期	28.05	第二学期	29.05
二年级学分	第三学期	27.65	第四学期	21.75
三年级学分	第五学期	22	第六学期	30
学分总计	158.5			
实践教学环节占教学活动总学时比例（B）	$B=\frac{\text{课堂教学的实践学时}+\text{集中实践教学总周数}\times 24\text{学时/周}}{\text{课堂教学总学时}+\text{集中实践教学总周数}\times 24\text{学时/周}}\times 100\%$ $=\frac{682+30\times 24}{2086+30\times 24}\times 100=50\%$			

【教师要求】

（1）专任教师应具备道桥专业或者造价类相关专业硕士及以上学历，或者大学本科学历、高级工程师职称，具有多年在工程一线工作经历。

（2）实训实习指导教师应具备工程一线工作经历、土木工程类相关专业助理工程师、初级实训师或技师资格。

（3）专任专业教师应接受过职业教育教学方法论的培训，具有开展职业课程的能力。

【实训条件】

1 校内实训条件

根据本专业的人才培养要求，工程造价专业校内实训（实验）基地应配置“公路测量技术实训室”、“道路建筑材料实训（实验）室”、“地质、土质与土力学实训（实验）室”、“工程招投标实训（实验）室”、“工程计量与支付实训室”“专业软件实训（实验）室”以及所必需的多功能教室、多媒体教室、生产性实训基地和模拟仿真实训场地。校内实训（实验）基地实践教学设施应能满足专业学生基本技能训练的教学需要。

2 校外实训基地

根据工程造价专业人才培养目标，本专业校外实训基地的条件应满足专业实践教学、技能训练、学生顶岗实训半年以上的总体要求，使学生在实训基地通过生产过程的实践，掌握工程生产的组织设计、生产工艺、生产技术以及工程实施的工序质量控制方法与质量检验标准；同时，经过真实的职业环境与企业文化氛围的体验，促进学生良好职业素养的形成。

本专业校外实训基地的基本要求（每年招生 2 个班，每班 50 名学生）：

（1）在专业教育的校企合作中，建立稳定、紧密性合作关系的一级及以上资质的路桥工程施工及造价咨询企业不少于 15 家，一般性合作的企业 20 家，以满足高技能人才培养的需要。

（2）实训基地应有较丰富的工程生产任务，能常年或季节性（北方地区）为学生提供公路工程建设施工、工程材料试验检测、工程招投标、工程计量与支付、工程管理等技术的实习岗位，基本满足本专业学生实践教学、技能训练、学生顶岗实训半年以上的要求。每个实训基地有不少于 2 名中级及以上的工程技术人员担任兼职教师。

（3）要加强校外实训基地的教学规范化、标准化建设与管理，建立顶岗实习良性运行机制。学校要与实训基地的所在企业签订校企合作协议，应有学校专任教师下企业（基地）实践的管理办法、企业（基地）兼职教师任教的管理办法、学生实习的质量监控体系、专兼教师共同评价考核实习学生的办法、专任教师与企业技术人员共同开发课程以及校企互动共赢的相关制度等，实现校企联合培养学生。

（4）要努力创造实训基地的职业文化氛围，使学生充分享受企业文化的温暖，从中养成良好的职业素养。

【其他说明】

（1）本教学标准中总学时为 2806 学时（不含选修），职业素质教育课程为 716 学时、专业技能课程为 1370 学时，实习、实训、毕业设计等实践教学为 720 学时。

（2）本教学标准中总学分为 150.5 学分，其中素质教育课程为 38 学分，专业技能课程为 82.5 学分，实习、实验、实训、毕业设计等实践教学为 30 学分。

（3）顶岗实习、社会实践安排在第四学期后六周、第五学期前六周及中间的暑假连续进行。

（4）逐步构建专业认证体系，强化学生职业能力的培养，继续推行“双证书”制度。

（5）本教学标准通过进行社会调查和论证调整，以培养学生的技术应用能力为核心构建课程和教学内容体系；基础理论教学以“必需”“够用”为度，专业课加强针对性、实用性。

工程造价(公路工程)专业课程标准

《工程制图》课程标准

【课程编码】

01030024

【课程类别】

专业技能课程

【学　　时】

60

【适用专业】

工程造价(公路工程)专业

1　概述

1.1　课程性质

该课程是工程造价专业的一门专业技能课,它既有系统的理论性,又有较强的实践性。该课程具有基础技能和专业背景的双重性质,它研究制图的基础知识、用正投影法图示空间几何体并解决空间几何问题、绘制和识读工程图样的原理和方法,旨在培养学生的绘图能力、识读图能力、空间想象能力和空间思维能力。

1.2　课程基本理念

本课程标准以职业能力培养为重点、以职业工作岗位需求为导向、以能力为目标、以学生为中心,根据行业、企业专家对工程造价及相关专业所涵盖的岗位职业能力分析,遵循高等职业院校学生的认知规律,充分体现职业性、实践性和开放性的要求。

1.3　课程设计思路

本课程标准的总体设计思路:紧紧围绕完成工作任务的需要来选择课程内容,变知识学科本位为职业能力本位,打破传统的以"了解"、"掌握" 为特征设定的学科型课程目标,从"任务与职业能力"分析出发,设定职业能力培养目标;变书本知识的传授为动手能力的培养,突出培养学生的实践动手能力。

2　课程目标

2.1　总目标

通过任务引领,使学生对画法几何和专业制图部分内容融会贯通,全面培养学生的绘图能力、识读图能力、空间想象能力、空间思维能力、理论和实践相结合的应用能力，达到激发学生创新思想的能力、能把脑子里的想法变成为纸面上的二维图形的能力、能把纸面上的图形变成为产品模型（三维图形）的能力，能把产品模型变成为真正产品的能力。

2.2 具体目标

(1)专业能力目标

能掌握制图的基本规格和基础知识；

能掌握空间几何元素三面投影的绘制并能判断它们之间的相对关系；

能掌握正投影法基本理论，并能运用正投影法图示空间几何体；

能根据三面投影绘制立体的正等轴测投影图；

能掌握截交线、相贯线三面投影的绘制方法；

能掌握组合体投影图的绘制和阅读；

能熟练应用图形的三面投影关系，绘制图形的剖面图和断面图；

能掌握工程图形的绘制规范和方法，并能绘制简单的工程图样；

能熟练识读桥梁、涵洞、通道及路线工程图样。

(2)方法能力目标

能够将空间几何元素、几何体与平面图形结合起来，即空间想象与平面图形的投影分析紧密结合，逐步培养和发展空间想象能力和空间思维能力，训练逻辑分析和推理能力，学会运用综合、分析、归纳等方法分析问题和解决问题。能够在工程实践中灵活运用所学的知识与技能，并具有开拓、创新精神。

(3)社会能力目标

具有严谨求实的工作态度和认真细致的工作作风，养成自我查错、纠错的习惯，在学习中不断自我学习、自我提高、自我更新，跟上时代发展的需要。

3 内容标准

教学单元的目标、内容及任务、学时分配见表2-1、表2-2。

教学单元的目标、内容及任务 表2-1

单元名称	单元目标	单元内容	单元任务
制图基本知识	能使用制图工具进行几何作图； 能掌握制图的基本规格	制图工具及其使用方法； 制图的基本规格； 几何作图	3号图幅线型练习一张； 圆弧连接两已知圆弧； 画一近似椭圆
空间形体的图示方法 1. 投影的基本知识 2. 点、直线和平面	能分析有关图形的三面投影关系； 能判断空间几何元素间的相对关系	投影的概念、特性、规律； 点的投影规律； 各种位置直线、平面的投影特性； 直线与平面、平面与平面的各种空间位置关系	利用三等关系对某一形体三面投影图进行分析； 直线和平面相交交点的求解； 平面和平面相交交线的求解
空间几何元素的图解法 1. 平面立体 2. 曲面立体	能根据立体的两面投影绘制第三面投影； 能求解截交线、相贯线的三面投影并判断可见性	平面立体的投影、平面与平面立体相交、两平面立体相交， 曲面立体的投影、平面与曲面立体相交、平面立体与曲面立体相交、两曲面立体相交	对照模型绘制正六棱柱、圆锥体的三面投影图； 平面和立体相交截交线的求解； 两立体相交相贯线的求解

续上表

单元名称	单元目标	单元内容	单元任务
空间形体的表达 1. 组合体的投影及尺寸标注 2. 剖面图和断面图	能掌握组合体投影图的绘制方法和阅读方法； 能分析并绘制形体的剖面图和断面图	形体分析的概念及组合体的组合形式、投影、阅读、尺寸标注； 剖、断面图的概念、用途，各种剖、断面图的作图方法和标注规则	对照模型绘制组合体的三面投影图并进行尺寸标注； 用形体分析法对一组合体投影图进行分析； 完成某一工程结构物的剖面图和断面图
道路工程制图 1. 高程投影 2. 道路路线工程图 3. 涵洞与通道工程图 4. 桥隧工程图	能熟练识读地形图； 能掌握高程投影在工程中的应用； 能熟练识读桥梁、涵洞、通道及路线工程图样	点、线、面的高程投影，高程投影在工程中的应用； 公路路线工程图、城市道路路线工程图及公路路面结构图等图样的图示特点和读图方法； 涵洞与通道工程图的图示特点和读图方法； 钢筋结构图、桥梁工程图、隧道工程图的图示特点和读图方法	识读某一地区 1∶2000 地形图一张； 识读一简单桥梁工程图样； 识读一涵洞、通道工程图样； 识读一路线工程图样

学时分配建议 表 2-2

教学单元名称	课堂教学	任务	习题课	小计
制图基本知识	2	课后完成		2
空间形体的图示方法 1. 投影的基本知识 2. 点、直线和平面	14	课后完成	2	16
空间几何元素的图解法 1. 平面立体 2. 曲面立体	12	4	2	18
空间形体的表达 1. 组合体的投影及尺寸标注 2. 剖面图和断面图	6	2	2	10
道路工程制图 1. 高程投影 2. 道路路线工程图 3. 涵洞与通道工程图 4. 桥隧工程图	8	4	2	14
合计	42	10	8	60

4 实施建议

4.1 教学建议

以就业为导向、职业能力为主线，构建科学完备的课程教学（包括理论与实践教学）体系，设计新颖的教学方法和现代化教学手段，配备结构合理优化的师资队伍，力求成为符合高职教育特点的课程。

(1)改进教学方法,加强学生动手能力的培养

要提高教学质量,必须在教学内容、方法、形式上不断改革创新。要改革以往单纯以传授知识为主的注入式教学模式,重点转向开发学生能力的启发式教学,充分发挥他们的主动性、积极性,才能达到目的。

①充分发挥教师主导、学生主体的作用。

要强化学生的参与意识,经常组织课堂讨论。要努力营造良好的课堂气氛,使学生听课时能精神饱满和积极思维,从而实现教学过程中的师生互动。

②坚持少而精的启发式教育。

教师首先在精选教材内容的基础上,根据专业确定基本教学内容,并在此基础上增加一些高新技术和与生活息息相关的工程内容和实例,以开阔眼界,提高学习兴趣,提高思维能力,刺激求知欲望。

精选了内容,就要实现精讲,通过语言、图示、多媒体电化教学等手段,举一反三,把知识传授给学生。课堂教学不能搞"满堂灌",应留出一部分时间让学生独立思考。教师在教学中要善于发现问题,并给予启发和引导,以使各种不同类型和层次的学生都能得到充分发展。

③狠抓基本功,强化动手能力。

工程制图是一门技能要求较高的课程,动手能力的强弱体现出对本课程掌握的程度。因此在初步练习绘制基本体及组合体时应让学生在绘图室内练习,边看边测,边想边画,反复思考空间几何形体在图纸上的各种表达方法,以及各部分之间的对应关系,加强培养由空间到平面和由平面到空间的思维能力。

④进行现场教学,理论联系实际。

本门课程的特点是实践性很强,如果学生没有实践知识的话,很多内容往往很难理解和记忆。像基本体、组合体、剖面图、断面图的规定画法,道路路线工程图、涵洞与通道工程图、桥隧工程图等内容,学生往往一知半解,似懂非懂。单靠课堂上的讲解与画图,学生没有实践经验很难真正掌握。只有走出课堂,到校内模型室或校外实训基地的生产第一线参观、学习,了解各种结构物的构造及施工过程,才能增强学生对结构物的感性认识,并结合读图问答,有效地培养和提高学生的工程意识和识读专业图的能力。也只有这样,才能使学生真正掌握所学的理论知识。现场教学宜安排在理论学习过程中。

(2)充分应用现代教育技术,丰富教学手段

采用多媒体教学,可使教学内容更加生动形象,可以帮助学生较快地理解和掌握课程的重点和难点,缩短了知识的认识过程,同时对于一些传统教学手段不易表达的教学内容,多媒体教学更显示出其优越性。如在讲授"截交线、相贯线的形成、形状及组合体的投影分析"时,通过多媒体演示能使图形更清晰、物体更逼真,非常形象生动,学生既感兴趣,又易于掌握教学内容。但应注意的是,多媒体教学不是对传统教学方式的彻底否定,在教学中应使它们相互结合,发挥各自优势,不能偏废。

(3)注重因材施教

在教学过程中,不要搞一刀切,要从学生的实际情况、个别差异出发,有的放矢地进行有差别的教学,使每个学生都能扬长避短,获得最佳发展。

(4)理论和实践相结合

理论课和实践课同步安排,及时消化理论知识。在教学过程中,可先进行课堂理论教学,

教师边展示边绘图边讲解,使学生对理论知识有一个初步的认识和理解,紧接着再进行绘图练习,通过学生独立绘图,加强了对理论知识的进一步理解和掌握。

4.2 考核评价建议

(1)改革传统的评价手段和方法,应采用阶段评价、过程性评价与终期评价相结合的方式进行课程评价。

(2)在评价过程中,学生的态度、方法能力、社会能力的评价应占一定比例。

(3)评价的方式应该多样化,可将课堂表现、现场检验、阶段测验等作为评价依据,避免采用单一的闭卷、笔试方式。

(4)应重视学生的自我评价及学生之间的相互评价。

(5)鉴于本课程的属性,终期考核应以基础知识考核为主(相对比例≥60%)、以综合能力考核为辅(相对比例≤40%)。

(6)成绩构成建议:终期考核(期末考试,实操考核)≤40%,过程评价(平时的综合测验成绩,态度、考勤等情况)≥60%。

4.3 教材编写建议

《工程制图》课程教材编写应依据本课程标准编写,充分体现任务引领、职业岗位需求导向课程的设计思想,教材应将本专业职业活动,分解成若干典型的工作任务,按完成工作任务的需要来组织教材内容。

教材编写上应图文并茂,以提高学生的学习兴趣,加深学生对基本知识的认识和理解,培养学生的绘图和识图技能。同时教材的内容必须跟上科技的发展,在内容和体系上要新颖,要具有创新性而且表达必须精炼、准确、科学。

4.4 实验实训设备配置建议

《工程制图》是一门实践性较强的课程,要求校内具备"多媒体教室"、"绘图室"、"模型展示室"等,同时还要有校外实训基地,以满足学生绘图能力、识图能力、空间想象能力以及空间思维能力的培养。

4.5 课程资源开发与利用建议

探索网络课程的制作与应用,建议建立本课程相关的资料库,包括视频库、模拟试题库、多媒体课件、电子教案、动画等,并对学生开放。开设网络教程,进行重点内容、典型范例等辅导,充分利用网络优势,通过网络在线测试、在线答疑等,为学生进行自我测评和课外师生交流互动提供了平台,也为学生创造了自主学习的环境。

《工程力学》课程标准

【课程编码】

07020003

【课程类别】

专业素质教育课程

【学　　时】

60

【适用专业】

工程造价(公路工程)专业

1　概述

1.1　课程的性质

该课程是工程造价专业的一门专业技能课程,是在多年教学改革的基础上,通过对工程造价专业相关职业工作岗位进行,充分地调研和分析,借鉴先进的课程开发理念和基于工作过程的课程开发理论,进行重点建设与实施的学习领域课程。《工程力学》涵盖了原有理论力学和材料力学两门课程的主要经典内容,同时又扩展了部分现代计算力学与工程应用方面的内容,既保持了课程的系统性和土木工程专业的针对性,又符合学生认知过程的连续性和科学性,使有限的课时得到有效的利用。通过对《工程力学》的学习,学生可以掌握如何对处于静定平衡状态的物体进行静力分析和对构件进行强度、刚度、稳定性的分析。这门课以《高等数学》为基础,也是进一步学习《结构力学》、《桥涵设计》和《桥梁工程》等其他专业课程的基础。《工程力学》课程在土木系路桥专业人才培养计划中占有举足轻重的地位,是衔接基础课程与专业课程的纽带。

1.2　课程设计理念

(1)该课程是依据“工程造价专业人才培养方案(2012 版)”中的“专业知识结构”部分设置的。其总体设计思路是构建具有高职高专特色、理论与实践并重、以岗位(群)技术应用能力为主线的新的课程体系。根据教学内容的特点,灵活运用探究式、启发式、类比式、归纳式、互动式、提问式等多种教学方法,有效调动学生的兴趣,促进学生积极思考与实践。根据就业岗位需求和前后续课程的衔接,选取相关实践技能训练为主的教学内容,并将职业技能鉴定融入到教学过程中。课程的教学过程要通过校企合作,校内实训基地建设等多种途径,采取工学结合等形式,充分开发学习资源,给学生提供丰富的实践机会。教学效果评价采取过程评价与结果评价相结合的方式,通过理论与实践相结合,重点评价学生的职业能力。

(2)该门课程的总学时为 60 学时。以基于工作过程的课程开发理念为指导,以职业能力培养和职业素养养成为重点,根据技术领域和职业岗位(群)的任职要求,融合结构工程师、监理师等职业资格标准,以对结构进行内力、变形的计算为主要授课内容,以来源于工程一线的实际案例为载体,以理实一体化的教学实训室为工作与学习场所,对课程内容进行序化。通过教学模式设计、教学方法设计、教学手段的灵活运用、教学目标的开放性设计、教学考核方法改革等,保证了学生专业能力、方法能力和社会能力的全面培养。

1.3 课程开发思路

根据高职教育的特点,按照学院"小学校、大课堂"的办学思路和"校企融合、同兴共赢"的办学模式,积极探索"校企合作、工学结合"的人才培养模式,积极探索以实践能力考核为主的课程评价方法,切实提高学生的职业能力和就业竞争力,具体措施体现在以下几个方面。

(1)基于典型工作过程分析,构建课程体系。

(2)以职业能力培养为核心,设计教学内容。

(3)以提高学生职业能力和职业素养为目标,重视实践教学。

(4)融合职业资格标准,推行双证书制。

(5)校企合作,共建新型实践教学基地。

(6)校企合作,形成实践技能课主要由企业兼职教师讲授的机制。

2 课程目标

本课程的培养目标是培养工程造价专业有关施工和设计方面的应用性人才,其核心能力为路桥工地现场施工中工程力学分析与承载力、稳定验算等能力和路桥结构设计中的截面尺寸设计、配筋设计等能力。这要求学生熟练掌握工程力学的基本知识,并通过实训学会灵活应用所学知识,为后续课程的学习,以及为将来走上社会,成为路桥专业应用型人才和高技能人才奠定基础。

2.1 知识目标

(1)掌握工程力学的研究对象,研究方法。

(2)掌握一般构件的受力分析,受力图的绘制方法。

(3)熟练掌握平面力系的平衡原理、平衡方程和计算方法。

(4)掌握拉压、剪切和弯曲等基本变形的概念和内力计算。

(5)熟练掌握在不同变形情况下,杆件强度、刚度和稳定性的概念与计算。

(6)熟练掌握材料应力分析方法及材料力学实验的基本知识。

2.2 能力目标

(1)能利用静力平衡方程计算工程结构的支座反力和内力。

(2)能根据内力计算方法判断工程结构的危险截面。

(3)能对工程结构进行承载力的分析和计算。

(4)能根据结构特点合理布置荷载。

(5)能对工程结构进行材料、截面形状和尺寸的设计。

(6)能对工程结构进行强度、刚度和稳定性的校核。

2.3 素质目标

(1)培养良好的思想品德、心理素质。

(2)培养良好的职业道德,包括爱岗敬业、诚实守信、遵守相关的法律法规等。

(3)培养良好的团队协作、协调人际关系的能力。

(4)培养对新知识、新技能的学习能力与创新能力。

3 课程内容和要求

根据专业课程目标和涵盖的工作任务要求，确定课程内容和要求（见表2-3），说明学生应获得的知识、技能与态度。

课程内容和要求 表2-3

学习情境	工作任务	知识要求	技能要求	学时安排	
1.绪论	1.1 工程力学的研究对象和研究方法	掌握工程力学的研究对象、基本任务与研究方法； 掌握杆件变形的基本形式	能辨别刚体和变形体，弹性变形和塑性变形； 能理解对构件进行强度、刚度和稳定性计算、校核的必要性； 掌握杆件变形的基本形式	1	
2.静力学的基本知识	2.1 基本概念、基本公理、力矩	掌握力、荷载和力系的概念； 熟练掌握力学基本公理的内容和含义； 熟练掌握力矩的概念和求法	能够识别结构所受的荷载和力系； 能够对作用在工程结构上的荷载进行平衡分析； 学会判断构件的运动和它所受的力或力矩的关系	2	8
	2.2 力偶、力的平移定理	掌握力偶和力偶矩的概念； 掌握力偶的三要素； 熟练掌握力偶的基本性质； 熟练掌握力的平移定理的内容和原理	学会识别工程结构所受的力偶； 能够判断工程结构的位移和它所受到的力偶的关系	2	
	2.3 受力图	理解绘制物体受力图的必要性和重要性； 学会辨别已知力和未知力； 熟练掌握单个物体和物体系统绘制受力图的步骤	会绘制工程结构和构件的受力图	4	
3.平面力系的合成与平衡	3.1 平面汇交力系的合成与平衡	掌握平面汇交力系合成与平衡的几何法； 熟练掌握平面汇交力系合成与平衡的解析法	会利用平面汇交力系的平衡方程求工程结构的支座反力	4	19
	3.2 平面力偶系的合成与平衡	掌握平面力偶系的合成； 掌握平面力偶系的平衡条件	会利用平面力偶系的平衡方程求工程结构的支座反力	3	
	3.3 平面任意力系的简化	掌握平面任意力系向一点简化的方法； 学会对平面任意力系的简化结果进行分析	会对平面任意力系进行简化并能够对简化结果进行分析	4	
	3.4 平面任意力系的平衡条件及其简化	掌握平面任意力系的平衡条件和平衡方程； 熟练掌握平面任意力系平衡方程的应用； 熟练掌握物体系统的平衡； 掌握静定结构和超静定结构的概念	会利用平面任意力系的平衡方程求解工程结构或构件的支座反力	8	

续上表

学习情境	工作任务	知识要求	技能要求	学时安排	
4. 轴向拉伸与压缩	4.1 轴向拉(压)杆的内力与轴力图	掌握截面法求轴向拉(压)杆的内力; 掌握轴力图的绘制方法	会对发生轴向拉(压)变形的构件进行内力计算	2	16
	4.2 轴向拉(压)杆横截面上的正应力	掌握应力和应变的概念; 掌握轴向拉(压)杆横截面上的正应力计算方法	会对发生轴向拉(压)变形的构件进行应力计算	2	
	4.3 轴向拉(压)杆的强度计算	掌握容许应力和安全系数的概念; 熟练掌握强度条件及其应用	会对发生轴向拉(压)变形的构件进行强度计算和校核	4	
	4.4 轴向拉(压)杆的变形计算	掌握线变形、线应变、胡克定律的概念和计算公式; 掌握横向变形、泊松比的概念和计算公式	会对发生轴向拉(压)变形的构件进行变形计算	4	
	4.5 拉伸试验	熟悉不同材料拉伸时的力学性能	能对工程构件中不同材料抵抗拉伸变形的能力有所了解	2	
	4.6 压缩试验	熟悉不同材料压缩时的力学性能	能对工程构件中不同材料抵抗压缩变形的能力有所了解	2	
5. 梁的内力、应力计算	5.1 剪力图和弯矩图	熟练掌握绘制梁的剪力图和弯矩图的方法	能对发生弯曲变形的工程结构进行内力计算	6	10
	5.2 应力计算	熟练掌握对梁截面进行应力计算的方法	能对发生弯曲变形的工程结构进行应力计算	4	
6. 大作业	6.1 大作业一:截面图形的几何性质	熟练计算由型钢和钢板组成的组合截面图形的几何性质	能计算工程结构的截面几何性质	2	6
	6.2 大作业二:弯曲应力	进一步熟练作弯矩图和剪力图的方法	能对工程结构进行内力计算	2	
	6.3 大作业三:梁的强度和刚度计算	进一步熟练掌握梁的强度和刚度计算	能对工程结构进行强度和刚度计算	2	
合计				60	

4 课程实施和建议

4.1 教学方法

在课堂教学上克服了以往单纯以老师为主的教学方法,积极利用“启发式”和“探究式”的方法进行教学。我们尽量从实际问题引入新内容,启发学生深入思考,引导学生积极讨论,充分调动学生的主观能动性,力求做到学生在教师的指导下对学习的内容自主学习,主动发现,积极探索,寻求答案,而不是被动接受、理解和记忆。同时,在学生学习过程中,还注重学生逻辑性思维和创造性思维的培养。

本课程除了不断完善理论教学外,还非常注重理论和实践相结合。首先,积极组织工作在结构设计一线的结构工程师给学生授课,让学生从真实的结构设计案例中了解《工程力学》的广泛应用性和它在专业发展中的重要性,使学生的学习更加切合于实际。同时,《工程力学》

教学组还定期邀请工程技术人员来校做各种讲座，激发学生对所学桥梁的热爱和自豪，使学生了解国内外桥梁发展历史和现状。另外，积极培养学生的动手能力，例如，在学生中组织桥梁设计大赛，从而提高教学质量，获得良好的教学效果。这样既锻炼了学生理论和实际相结合的能力，也可以培养学生树立正确的集体观念和合作意识。

在课堂外，积极增加教与学的互动。充分利用校园网设立结构论坛和答疑系统，学生除课堂外还可以在网上与教师探讨问题，并利用网上查询自己的学习成绩。

多种教学方法的灵活应用，能够大大激发学生的学习热情，从而增强该门课程的教学效果。

4.2 教学手段

传统的板书与现代的多媒体教学相结合。理论计算采用传统的板书，以启发式、互动式为主；对桥梁结构采用多媒体教学，以工程案例、图表、动画、录像等手段，将庞大的桥梁与复杂的施工现场搬进课堂，形象、直观，通俗易懂，学生学习兴趣高。

充分利用丰富的网络资源。先进的现代教育技术手段、丰富的网络资源，提升了课程的品质和内涵。在校园网上提供了丰富的网络资源，其中主要包括网络课程、电子参考书、网上自测系统、道桥论坛及网上答疑等内容；指导学生学会在网上查找资料，特别是能够快速查到一些著名大学、施工单位和科研院所的网站，且在网上提供了几个相关链接。这样不仅可以满足本课程学生自主学习和上网学习的需要，也起到了教育学生、激励学生、教书育人的作用。

4.3 教学评价

本课程的评价主要是采用阶段评价与最终评价相结合、理论评价与实践评价相结合的模式，突出过程与模块评价，结合课堂提问、操作技能、课后作业等手段，减少笔试所占的比重，增加实践性考核的比重，但要注重平时的评分汇集。平时的评分内容包括职业道德、学习能力、团队协作精神、沟通交际能力、写作能力、语言表达能力、知识的运用和掌握能力等方面的考核。建议在教学中分任务模块评分，在课程结束时进行综合模块考核或者利用答辩的形式考查学生对所学知识的理解与掌握程度。这样多元化的评价体系得出的结果能够体现出本门课程的特殊性以及对学生的公平与公正。各任务模块可参照表2-4进行评价。

课程评价表 表2-4

<table>
<tr><th>学习情境</th><th>工作任务</th><th>评价目标</th><th>评价方式</th><th>评价比重(%)</th></tr>
<tr><td>1.绪论</td><td>1.1 工程力学的研究对象和研究方法</td><td>能辨别刚体和变形体，弹性变形和塑性变形；
能理解对构件进行强度、刚度和稳定性计算和校核的必要性；
掌握杆件变形的基本形式</td><td>过程性评价：提问、案例分析、课后作业；
总结性评价：卷考——判断题、选择题等</td><td>1</td></tr>
<tr><td rowspan="3">2.静力学的基本知识</td><td>2.1 基本概念、基本公理、力矩</td><td>能够识别结构所受的荷载和力系；
能够对作用在工程结构上的荷载进行平衡分析；
学会判断构件的运动和它所受的力或力矩的关系</td><td rowspan="3">过程性评价：提问、案例分析、课后作业；
总结性评价：卷考——判断题、选择题等</td><td>3</td></tr>
<tr><td>2.2 力偶、力的平移定理</td><td>学会识别工程结构所受的力偶；
能够判断工程结构的位移和它所受到的力偶的关系</td><td>3</td></tr>
<tr><td>2.3 受力图</td><td>会绘制工程结构和构件的受力图</td><td>8</td></tr>
</table>

续上表

学习情境	工作任务	评价目标	评价方式	评价比重(%)
3. 平面力系的合成与平衡	3.1 平面汇交力系的合成与平衡	会利用平面汇交力系的平衡方程求工程结构的支座反力	过程性评价：提问、案例分析、课后作业； 总结性评价：卷考——判断题、选择题等	7
	3.2 平面力偶系的合成与平衡	会利用平面力偶系的平衡方程求工程结构的支座反力		5
	3.3 平面任意力系的简化	会对平面任意力系进行简化并能够对简化结果进行分析		5
	3.4 平面任意力系的平衡条件及其简化	会利用平面任意力系的平衡方程求解工程结构或构件的支座反力		18
4. 轴向拉伸与压缩	4.1 轴向拉(压)杆的内力与轴力图	会对发生轴向拉(压)变形的构件进行内力计算	过程性评价：提问、案例分析、课后作业； 总结性评价：卷考——判断题、选择题等	3
	4.2 轴向拉(压)杆横截面上的正应力	会对发生轴向拉(压)变形的构件进行应力计算		3
	4.3 轴向拉(压)杆的强度计算	会对发生轴向拉(压)变形的构件进行强度计算和校核		3
	4.4 轴向拉(压)杆的变形计算	会对发生轴向拉(压)变形的构件进行变形计算		3
	4.5 拉伸试验	能对工程构件中不同材料抵抗拉伸变形的能力有所了解		3
	4.6 压缩试验	能对工程构件中不同材料抵抗压缩变形的能力有所了解		3
5. 梁的内力、应力计算	5.1 剪力图和弯矩图	能对发生弯曲变形的工程结构进行内力计算	过程性评价：提问、案例分析、课后作业； 总结性评价：卷考——判断题、选择题等	18
	5.2 应力计算	能对发生弯曲变形的工程结构进行应力计算		5
6. 大作业	6.1 大作业一：截面图形的几何性质	能计算工程结构的截面几何性质	过程性评价：提问、案例分析、课后作业； 总结性评价：卷考——判断题、选择题等	3
	6.2 大作业二：弯曲应力	能对工程结构进行内力计算		3
	6.3 大作业三：梁的强度和刚度计算	能对工程结构进行强度和刚度计算		3
合计				100

说明：每个模块的考核主要考察学生的出勤情况，实际动手能力，理论知识的运用与掌握情况，完成作业的准确度、完整度、规范度等，分析问题、解决问题的能力，合作沟通能力，学习态度，总结报告(报告的内容、态度、写作水平等)等评定项目。

4.4 教学设计及教材编写建议

(1)教学设计

教学设计是教师依据课程标准的要求,结合个人教学实践和学生的认知水平设计、编写的教学实施方案,应充分体现“以学生为主体”的理念,以利于教学的组织和围绕学生知识的学习以及职业能力的培养开展教学。

一般包括以下几项:

①教学内容及教学组织;

②教学方法的选择;

③学习情境设计;

④课后作业与课外学习。

(2)教材编写

如果编写教材,那么必须依据本课程标准编写教材。教材的编写要充分体现高职高专特色,要强调理论与实践并重、要以培养岗位(群)技术应用能力为目标。教材内容要反映新形势下的路桥设计和施工内容,要与企业合作开发,让企业具有丰富设计和施工经验的工程师参与进来。教材编写还要考虑路桥专业课的情况,及时对教材内容进行更新,以更好地和后续课程衔接。

4.5 课程资源的开发与利用

(1)教辅材料:要力求接近实践,最好是来源于实践的案例与情境,并开发课程的习题、参考文献等内容,向学生开放,以利于学生自主学习。

(2)实训指导书:格式正确、内容全面,且能具体写明对学生的各项要求。

(3)软件环境:不断完善和《工程力学》有关的综合实训室的软件环境,引进一些工程软件用于教学,为学生提供更好的工程软件模拟条件。

(4)硬件环境:希望能够加大和完善硬件实训内容的建设。

(5)信息技术:充分的利用各种信息技术,例如网络、多媒体课件等,为学生提供学习的便利条件。如加大课程的网络资源建设,把与课程有关的文献资料、教学大纲、电子教案、教学课件、习题、教学视频、工程设计和施工的相关前沿信息,与职业资格考试相关的资料,学生与教师的互动等都放到网上,充分为学生的自主学习提供环境条件。

《道路建筑材料》课程标准

【课程编码】

01030005

【课程类别】

专业素质教育课程

【学　　时】

68

【适用专业】

工程造价(公路工程)专业

1　概述

1.1　课程的性质

该课程是工程造价专业的一门重要的、具有较强实践性的专业技能课,本课程主要讲述各种材料的技术性质及其测试方法,以及矿质混合料组成设计、水泥混凝土配合比设计、沥青混合料配合比设计、无机结合料稳定土配合比设计方法。

本课程以物理、化学、工程力学、工程地质与水文课为先修课,是公路设计、施工,桥梁设计、施工,公路检测技术等课程的基础。学完本课程后,学生能够掌握道路建筑材料的各项技术性能及其测试方法;会进行矿质混合料组成设计以及水泥混凝土、沥青混合料、无机结合料稳定土的配合比设计;能参与各种材料的选择和性能测试;认识新材料的种类和发展趋势。

1.2　课程设计理念

(1)通过调研,该课程标准对用人单位的岗位能力进行分析,将《道路建筑材料》课程分解为“矿质混合料组成设计”、“水泥混凝土”、“沥青混凝土”、“无机结合料稳定土”四大项目,再将这四个项目分解为若干个任务来授课,使学生通过对四个项目的学习,完成该门课程的学习任务。

(2)教学中采用“教、学、做”一体化,培养学生分析问题、解决问题、自主创新以及团队协作能力;将素质教育融入教学工作中,培养学生吃苦耐劳、爱岗敬业、坚忍不拔的“铺路石”精神。

(3)将新材料、新技术及时引入课堂,让学生了解材料的发展趋势,培养学生终身学习的能力。

(4)校企合作,共同制定课程标准,聘请工程一线的技术人员授课和举办讲座,使课堂教学与施工企业的需求零距离对接。

(5)课程考核采用实际操作与理论笔试结合、实际操作与试验高级工行业标准结合、各个项目过程考核与期末终结性考核结合的办法。

1.3　课程开发思路

以交通行业道路、桥梁、隧道施工技术的发展为基本依据,按照公路工程试验工作岗位的具体要求，参照国家交通行业职业中高级试验工的资格标准和交通运输部专业技术人员职业水平标准，结合工学结合的人才培养模式，以提高学生的职业技术能力和职业素养为中心，坚持以学生为本的教育理念，改革《道路建筑材料》课程体系、课程结构和教学内容，制定以突出职业能力培养的课程标准，规范课程教学的基本要求。

根据高职教育的特点，按照学院“小学校、大课堂”的办学思路和“校企融合、同兴共赢”的办学模式，积极探索“校企合作、工学结合”的人才培养模式，以及以实践能力考核为主的课程评价方法，切实提高学生的职业能力和就业竞争力，具体措施体现在以下几个方面。

(1)基于典型工作过程分析，构建课程体系。

(2)以职业能力培养为核心，设计教学内容。

(3)以提高学生职业能力和职业素养为目标，重视实践教学。

(4)融合职业资格标准，推行双证书制。

(5)校企合作，共建新型实践教学基地。

(6)校企合作，形成实践技能课主要由企业兼职教师讲授的机制。

2 课程目标

2.1 总目标

通过本课程的学习，使学生熟知道路建筑材料的基本知识，掌握各种试验仪器的使用知识，具备试验工岗位所需的基础知识和实践能力，能够适应试验工作岗位的要求。

2.2 具体目标

(1)素质目标

①培养良好的思想品德、心理素质。

②培养良好的职业道德，包括爱岗敬业、诚实守信、遵守相关的法律法规等。

③培养良好的团队协作、协调人际关系的能力。

④培养对新知识、新技能的学习能力与创新能力。

(2)知识目标

①了解常规试验仪器的基本构造，掌握技术操作方法、基本测试原理及常规检验与校正方法。

②根据规范要求，能正确记录试验数据，能正确分析计算和评定试验数据。

③能够正确的选择材料和合理使用材料。

④能够完成矿质混合料、无机结合料稳定土、水泥混凝土、沥青混合料的组成设计及调整。

⑤在校期间通过技能训练，达到公路高级试验工的水平。

(3)能力目标

①能够独立完成原材料及混合料的常规试验。

②能够独立完成钢材的常规试验。

③选择合适的原材料，完成某公路基层的无机结合料稳定土组成设计。

④选择合适的原材料，完成某桥梁上部(或下部)结构的水泥混凝土组成设计。

⑤选择合适的原材料，完成某公路面层的沥青混合料组成设计。

3 课程内容和要求

课程内容和要求见表2-5。

课程内容和要求 表 2-5

项目名称	教学目标	知识要点	技能要点	活动安排	考核评价
矿质混合料	叙述天然石料，粗、细集料，矿质混合料的技术性能与检验； 叙述影响砂、石料技术性质的因素和影响程度； 会计算级配参数、细度模数，绘制筛分曲线；运用级配理论进行矿质混合料的组成设计，并能根据工程具体情况进行调整校核； 熟练操作粗、细集料筛分试验、表观密度试验、堆积密度试验、粗集料压碎值试验、磨耗试验	粗、细集料的技术要求、技术标准、试验方法； 矿质混合料组成设计方法	粗、细集料的试验操作； 试验数据的整理分析	教师对理论知识进行讲解； 在学生掌握理论知识的基础上，到实训室进行实际操作训练，实训老师进行指导； 写出完整的试验报告（包括数据分析结果）； 完成矿质混合料组成设计	学生成绩由以下三部分组成： 按实训小组进行评定，记入学生的实训成绩； 作业、课程设计记入平时成绩； 期末考试
水泥混凝土	描述水泥混凝土的定义、组成和常用水泥混凝土的分类； 描述各类硅酸盐水泥的技术性质、特性和工程应用、适用范围及合理选择水泥； 描述影响水泥性能的因素及影响程度； 描述矿质集料、水、钢筋的技术性质与检验； 叙述普通水泥混凝土的技术要求和技术标准，评定水泥混凝土强度等级，进行平坦水泥混凝土质量控制； 描述影响水泥混凝土技术性质的因素和影响程度； 能做出普通水泥混凝土配合比； 熟练操作水泥混凝土用粗集料针片状颗粒含量试验、水泥细度试验、水泥标准稠度用水量试验、水泥胶砂强度试验、水泥混凝土拌和物的拌制和工作性试验、水泥混凝土的强度试验	水泥、砂石料的技术要求、技术标准、试验方法； 坍落度试验、水泥混凝土强度试验方法； 水泥混凝土技术要求、技术标准； 水泥混凝土配合比设计方法	水泥、砂石料的试验操作； 坍落度试验操作； 水泥混凝土强度试验操作； 试验数据整理分析	教师对理论知识进行讲解； 在学生掌握理论知识的基础上，到实训室进行实际操作训练，实训老师进行指导； 写出完整的试验报告（包括数据分析结果）； 完成水泥混凝土配合比设计	学生成绩由以下三部分组成： 按实训小组进行评定，记入学生的实训成绩； 作业、课程设计记入平时成绩； 期末考试
无机结合料稳定土	描述无机结合料稳定土的定义、分类、特点和用途； 叙述石灰与工业废渣的技术性质与检验； 描述影响石灰性能的因素，理解石灰在工程中的应用及储存方法； 描述其他组成材料的技术性质与检验； 叙述无机结合料稳定土的技术性质并评定其性能； 会进行无机结合料稳定土组成设计； 熟练操作含水率试验、击实试验、密度试验、界限含水率试验、无侧限抗压强度试验、石灰有效成分含量试验及石灰或水泥剂量试验	石灰、水泥、土的技术要求、技术标准、试验方法； 稳定土击实试验、无机结合料稳定土试验方法； 无机结合料稳定土技术要求、技术标准； 无机结合料稳定土组成设计方法	石灰、水泥、土的试验操作； 稳定土击实试验操作； 无机结合料稳定土试验操作； 试验数据整理分析	教师对理论知识进行讲解； 在学生掌握理论知识的基础上，到实训室进行实际操作训练，实训老师进行指导； 写出完整的试验报告（包括数据分析结果）； 完成无机结合料稳定土组成设计	学生成绩由以下三部分组成： 按实训小组进行评定，记入学生的实训成绩； 作业、课程设计记入平时成绩； 期末考试

续上表

项目名称	教 学 目 标	知识要点	技能要点	活动安排	考核评价
沥青混合料	描述沥青混合料的定义、分类、特点及用途； 叙述石油沥青的技术性质与检验； 描述其他品种沥青的技术性质与检验； 描述沥青混合料的其他组成材料的技术性质与检验； 叙述热拌沥青混合料的组成结构、强度理论； 描述影响强度的因素及影响程度； 叙述沥青混合料的技术性质并评定其性能； 会进行热拌沥青混合料的组成设计； 描述其他沥青混合料的技术性质； 熟练操作沥青路面用粗集料针片状颗粒含量试验，沥青针入度、延度、软化点试验，能够进行沥青混合料试件制作、沥青混合料马歇尔试验	沥青、砂石料的技术要求、技术标准、试验方法； 马歇尔试件制作方法、密度试验方法、马歇尔试验方法； 沥青混合料技术要求、技术标准； 沥青混合料组成设计方法	沥青、砂石料的试验操作； 马歇尔击实试验操作、密度试验操作、马歇尔试验操作； 试验数据整理分析	教师对理论知识进行讲解； 在学生掌握理论知识的基础上，到实训室进行实际操作训练，实训老师进行指导； 写出完整的试验报告（包括数据分析结果）	学生成绩由以下三部分组成： 按实训小组进行评定，记入学生的实训成绩； 作业、课程设计记入平时成绩； 期末考试

4 课程实施和建议

4.1 试验项目及学时分配建议

试验项目及学时分配见表2-6。

试验项目及学时分配　　表2-6

序号	试 验 项 目	学时数
1	粗、细集料筛分试验	2
2	粗集料密度及吸水率试验（网篮法）	2
3	粗集料堆积密度及空隙率试验	
4	粗集料压碎值试验、粗集料针片状颗粒含量试验	2
5	细集料筛分试验	2
6	细集料表观密度试验（容量瓶法）	2
7	细集料堆积密度及紧装密度试验	
8	石灰有效氧化钙和氧化镁的测定	2
9	水泥细度检验方法（80μm 筛析法）	1
10	水泥标准稠度用水量与凝结时间、安定性检验方法	2
11	水泥胶砂强度检验方法（ISO 法）	2
12	水泥混凝土工作性试验、试件制作	2
13	水泥混凝土强度试验	
14	土的含水率试验	2
15	击实试验	
16	土的密度试验	1
17	界限含水率试验	2

续上表

序号	试 验 项 目	学时数
18	无机结合料稳定土试件制作	2
19	无机结合料稳定土无侧向抗压强度试验	
20	石灰(水泥)剂量测定	2
21	沥青针入度试验	2
22	沥青软化点试验	2
23	沥青延度试验	
24	沥青路面用粗集料针片状颗粒含量试验	1
25	沥青混合料试件制作	2
26	沥青混合料马歇尔密度、稳定度试验	1
27	钢筋拉伸试验	2
28	钢筋冷弯试验	
合 计		38

4.2 教学时数分配建议

教学时数分配见表2-7。

教 学 时 数 分 配 表2-7

序号	项 目 名 称	教 学 时 数		
		讲授	实训	小计
1	绪论	1		1
2	矿质混合料	5	8	13
3	水泥混凝土	8	10	18
4	无机结合料稳定土	8	12	20
5	沥青混合料	8	8	16
	机动			
合 计		30	38	68

4.3 考核评价建议

本课程实训课时较多,课程成绩评定以实训成绩占60%,期末考试成绩占30%,平时成绩占10%的方法进行评定。

4.4 教材编写建议

目前采用我院马彦芹主编的校本教材《道路工程材料》(机械工业出版社出版,书号ISBN 978-7-111-39439-6),该教材注重工程上的应用,具有较强的针对性和系统性,同时强调理论教学和实训教学一体化。

4.5 实验实训设备配置建议

建设道路材料技术教学做一体室。只有功能丰富的教学做一体室方可保证本课程改革的顺利实现。教学做一体室要配备黑板、多媒体设备及相关试验仪器设备,试验设备配备要保证分组率。

建设2~3个校外实训基地,位置尽量选择石家庄市及周边县市,便于开展实训教学。

4.6 课程资源开发与利用建议

本课程可以组织相关教师编写符合课程特点的教学课件。

实训要按照交通运输部正式颁布的各种试验规程的要求进行。

《土力学与地基基础》课程标准

【课程编码】

01030006

【课程类别】

专业素质教育课程

【学　　时】

68

【适用专业】

工程造价(公路工程)专业

1　概述

1.1　课程的性质

该课程是工程造价专业的一门专业技能课程。按照教育部“以教育思想、观念改革为先导,以教学改革为核心,以教学基本建设为重点,注重提高质量,努力办出特色”的基本思路,借鉴先进的课程开发理念,目标是让学生掌握常见的分散土由荷载变化引起的力学方面的变化规律、常见的桥梁涵洞基础和地基的类型、设计计算等方面的知识,重点培养学生的技术应用能力。

1.2　课程设计理念

(1)依据教育部对高职高专人才培养目标、培养规格、培养模式及与之相应的知识、技能、能力和素质结构的要求。课程内容突出对学生职业能力的训练,相关理论知识均与所要完成的工作任务有密切联系,并充分考虑了高等职业教育对理论知识学习的需要,融合专业技术应用能力的要求。课程的教学过程可采取工学结合的形式,利用施工实习给学生提供丰富的实践机会。教学效果评价采取过程评价与结果评价相结合的方式,通过理论与实践相结合,重点评价学生的职业能力。

(2)该门课程的总学时为68学时。以基于工作过程的课程开发理念为指导,以职业能力培养和职业素养养成为重点,通过教学模式的设计、教学方法的设计、教学手段的灵活运用、教学目标的开放性设计、教学考核方法的改革等,保证了学生专业能力、方法能力和社会能力的全面培养。

1.3　课程开发思路

注重学生基本素质、基本能力的培养,为学生知识、能力、素质的综合协调发展创造条件。具体措施体现在以下几个方面。

(1)基于典型工作过程分析,构建课程体系。

(2)以职业能力培养为核心,设计教学内容。

(3)以提高学生职业能力和职业素养为目标,重视实践教学。

(4)融合职业资格标准,推行双证书制。
(5)校企合作,共建新型实践教学基地。
(6)校企合作,形成实践技能课主要由企业兼职教师讲授的机制。

2 课程目标

通过本课程的学习,使学生掌握基础沉降、地基承载力、土压力计算方法、地基基础设计知识;使学生具备独立从事各类建筑物地基基础设计、施工、监理等工作的能力。

2.1 知识目标

(1)掌握土中应力的计算。
(2)掌握基础沉降量计算。
(3)掌握土的强度与地基承载力。
(4)掌握土压力的计算。
(5)熟悉地基与基础的分类及其特点、基础上的作用及效应组合、基础埋置深度。
(6)掌握天然地基刚性浅基础。
(7)掌握人工地基。
(8)掌握桩基础。

2.2 能力目标

(1)能计算土中应力、基础沉降量、地基承载力、土压力。
(2)能熟悉基础上的作用及效应组合、基础的埋置深度。
(3)能进行刚性扩大基础的设计与计算。
(4)能确定单桩轴向承载力。
(5)能熟悉常用的地基加固方法。

2.3 素质目标

(1)培养良好的思想品德、心理素质。
(2)培养良好的职业道德,包括爱岗敬业、诚实守信、遵守相关的法律法规等。
(3)培养良好的团队协作、协调人际关系的能力。
(4)培养对新知识、新技能的学习能力与创新能力。

3 课程内容和要求

根据专业课程目标和涵盖的工作任务要求,确定课程内容和要求(见表2-8),说明学生应获得的知识、技能与态度。

课程内容和要求　　表2-8

学习情境	工作任务	知识要求	技能要求	学时安排
1.土中应力计算	1.1 土中自重、附加应力的计算	掌握自重应力和附加应力的计算方法	能够计算自重应力、刚性基础底面压力、竖向附加应力	8

续上表

学习情境	工作任务	知 识 要 求	技 能 要 求	学时安排	
2. 基础沉降量计算	2.1 固结试验、荷载试验	掌握固结试验、荷载试验原理	完成固结试验并整理试验结果	4	10
	2.2 分层总和法计算基础沉降量	熟悉沉降计算原理	应用分层总和法计算基础总沉降量	6	
3. 土的强度与地基承载力	3.1 土的强度	掌握极限平衡条件	应用极限平衡条件判断土的应力状态	2	4
	3.2 地基承载力	掌握地基承载力的确定方法	应用规范公式确定地基承载力	2	
4. 土压力	4.1 静止、主动、被动土压力	掌握土压力的含义、影响因素及计算理论和方法	能计算作用在挡土结构物上的土压力	10	
5. 地基与基础概述	5.1 基础设计原则、埋置深度的选择	熟悉建筑物的设计原则； 分析基础埋置深度的影响因素	会根据具体条件确定基础埋置深度	2	
6. 天然地基上刚性浅基础	6.1 基础尺寸的拟订	熟悉扩大基础的基本概念、分类及构造要求	会进行刚性基础尺寸的拟订	2	
	6.2 地基与基础的验算	计算原理和验算方法	会进行刚性扩大基础的设计和计算	4	
7. 人工地基	7.1 砂砾垫层、砂桩与石灰桩	熟悉基础工程常用的地基加固方法	会进行垫层厚度和宽度的计算； 能进行砂桩布置范围、根数、长度和平面排列形式的设计计算	2	6
	7.2 加固地基的其他方法	熟悉加固地基的其他方法	能应用加固地基的其他方法对软弱地基进行加固	4	
8. 桩基础	8.1 桩基础的组成、作用及适用条件	了解桩基础的组成、适用条件	会叙述桩基础的组成	4	6
	8.2 桩和桩基础的类型和构造	熟悉桩和桩基础的类型和构造	能按要求选定桩基础的类型和构造	2	
	8.3 单桩承载力容许值的确定	掌握单桩承载力容许值的确定方法	按规范公式确定单桩承载力容许值	2	8
	8.4 桩的内力和变位计算	掌握桩的内力和变位计算原理	用 M 法计算单排桩在地面下的受力和变位	6	

续上表

学习情境	工作任务	知识要求	技能要求	学时安排	
8. 桩基础	8.5 桩基础整体承载力验算	熟悉群桩的作用特点和验算方法	会对桩基础整体承载力进行验算	2	8
	8.6 桩基础设计计算步骤	熟悉桩基础设计计算步骤	能按照桩基础设计计算步骤对桩基础进行设计计算	6	
合计				68	

4 课程实施和建议

4.1 课程的重点、难点

本课程是工程造价专业的一门专业技能课程。课程的重点土力学部分是压缩理论、土的抗剪强度理论、朗金土压力、浅基础的设计。

本课程的教学难点是应力历史、强度理论和地基承载力理论。

4.2 教学方法和教学手段

(1)教学方法

本课程主要采用课堂讲授、实验室实际操作、课外实践法等多种教学方法。

多种教学方法的灵活应用,能够大大激发学生的学习热情,从而增强该门课程的教学效果。

(2)教学手段

课堂教学以多媒体电子课件(PPT 电子教案)为主,配合使用黑板板书。充分利用多媒体的优势,用电子课件制作大量内容丰富的教案,再配以图片、习题等内容,以取得较好的教学效果。

4.3 教学评价

本课程结束时采用笔试闭卷考试。学生最终成绩评定期末占 70%,平时占 30%,教学评价见表 2-9。

教学评价表 表 2-9

学习情境	工作任务	评价目标	评价方式	评价比重(%)
1. 土中应力计算	1.1 土中自重、附加应力的计算	能够计算自重应力、刚性基础底面压力、竖向附加应力	过程性评价:提问、课后作业;总结性评价:卷考——填空题、选择题等	10
2. 基础沉降量计算	2.1 固结试验、荷载试验	完成固结试验并整理试验结果	过程性评价:提问、动手操作、课后作业;总结性评价:卷考——判断题、选择题等	10
	2.2 分层总和法计算基础沉降量	应用分层总和法计算基础总沉降量		
3. 土的强度与地基承载力	3.1 土的强度	应用极限平衡条件判断土的应力状态	过程性评价:提问、课后作业;总结性评价:卷考——判断题、选择题	15
	3.2 地基承载力	应用规范公式确定地基承载力		

续上表

学习情境	工作任务	评价目标	评价方式	评价比重(%)
4. 土压力	4.1 静止、主动、被动土压力	能计算作用在挡土结构物上的土压力	过程性评价:提问、课后作业; 总结性评价:卷考——判断题、选择题、计算题	15
5. 地基与基础概述	5.1 基础设计原则、埋置深度的选择	会根据具体条件确定基础埋置深度	过程性评价:提问、课后思考题; 总结性评价:卷考——填空题	5
6. 天然地基上刚性浅基础	6.1 基础尺寸的拟订	会进行刚性基础尺寸的拟订	过程性评价:提问、课后作业; 总结性评价:卷考——判断题、选择题、简答题	20
	6.2 地基与基础的验算	会进行刚性扩大基础的设计和计算		
7. 人工地基	7.1 砂砾垫层、砂桩与石灰桩	会进行垫层厚度和宽度的计算; 能进行砂桩布置范围、根数、长度和平面排列形式的设计计算	过程性评价:提问、课后作业; 总结性评价:卷考——填空题、选择题	5
	7.2 加固地基的其他方法	能应用加固地基的其他方法对软弱地基进行加固		
8. 桩基础	8.1 桩基础的组成、作用及适用条件	会叙述桩基础的组成	过程性评价:提问、课后作业; 总结性评价:卷考——判断题、选择题、计算题	20
	8.2 桩和桩基础的类型和构造	能按要求选定桩基础的类型和构造		
	8.3 单桩承载力容许值的确定	按规范公式确定单桩承载力容许值		
	8.4 桩的内力和变位计算	用M法计算单排桩在地面下的受力和变位		
	8.5 桩基础整体承载力验算	会对桩基础整体承载力进行验算		
	8.6 桩基础设计计算步骤	能按照桩基础设计计算步骤对桩基础进行设计计算		

4.4 教案编写建议

教案是教师依据课程标准的要求,结合个人教学实践和学生的认知水平设计、编写的教学实施方案,教案的编写应充分体现"以学生为主体的"理念,以利于教学的组织和围绕学生知识的学习以及职业能力的培养开展教学。

一般包括以下几项：

(1)教学内容及教学组织；

(2)教学方法的选择；

(3)学习情境设计；

(4)课后作业与课外学习。

4.5 师资和实训条件

要求任课教师必须具有丰富的理论知识和实践知识、课程开发能力、基于学生能力培养的教学能力、为社会提供科技服务的能力等，以利于教学和课程的改革。

另外，本门课程的实训条件要求有与学校长期合作的工程单位，满足学生顶岗实习的需要。

《公路概论》课程标准

【课程编码】

01030001

【课程类别】

专业素质教育课

【学　　时】

68

【适用专业】

工程造价(公路工程)专业

1　概述

1.1　课程的性质

本课程是工程造价专业学生的专业技能课程。本课程的目的是通过本课程的学习,增进学生对公路知识的了解,为其后续其他课程的学习以及毕业后从事与公路相关的工作储备理论知识。它以《工程制图》、《工程测量》等课程的学习为基础。

1.2　课程设计理念

该课程总体设计思路是,打破以知识传授为主要特征的传统学科课程模式,转变为基于工作过程的教学模式,以完整的公路组成为对象,组织学生通过认识公路的各个组成部分来学习相关的知识、培养相应的职业能力。课程的教学过程要通过校企合作、校内实训基地建设等多种途径,采取工学结合等形式,充分开发学习资源,给学生提供丰富的实践机会。教学效果评价采取过程评价与结果评价相结合的方式,通过理论与实践相结合,重点评价学生的职业能力。

该门课程的总学时为68学时。该课程标准以基于工作过程的课程开发理念为指导,以职业能力培养和职业素养养成为重点,根据技术领域和职业岗位(群)的任职要求,融合职业资格标准,以公路建设为典型工作过程,以来源于企业的实际案例为载体,以理实一体化的教学实训室为工作与学习场所,对课程内容进行序化。通过教学模式的设计、教学方法的设计、教学手段的灵活运用、教学目标的开放性设计、教学考核方法的改革等,保证了学生专业能力、方法能力和社会能力的全面培养。

1.3　课程开发思路

根据高职教育的特点,按照学院“小学校、大课堂”的办学思路和“校企融合、同兴共赢”的办学模式,积极探索“校企合作、工学结合”的人才培养模式,积极探索以实践能力考核为主的课程评价方法,切实提高学生的职业能力和就业竞争力,具体措施体现在以下几个方面。

(1)基于典型工作过程分析,构建课程体系。

(2)以职业能力培养为核心,设计教学内容。

(3)以提高学生职业能力和职业素养为目标,重视实践教学。

(4)融合职业资格标准,推行双证书制。

(5)校企合作,共建新型实践教学基地。

(6)校企合作,形成实践技能课主要由企业兼职教师讲授的机制。

2 课程目标

通过对本课程的学习,学生能够具备公路工程的基本知识;建立公路线形的初步概念;对路基、路面、桥梁、隧道、交通设施等各部分有一个初步认识;对公路与环境、公路养护及公路发展史有一个初步了解。

3 课程内容和要求

根据专业课程目标和涵盖的工作任务要求,确定课程内容和要求(见表2-10),说明学生应获得的知识、技能与态度。

课程内容和要求 表2-10

学习情境	工作任务	知识要求	技能要求	学时安排
概述	我国公路发展概况; 交通量; 公路等级及技术标准; 公路的基本组成; 高速公路简介; 公路项目基本建设程序	明确公路的行政等级及技术等级; 理解交通量的含义及在道路设计中的应用; 掌握公路的组成及其作用; 掌握公路工程基本建设程序	能够明确公路的行政等级及技术等级; 能够明确公路工程基本建设程序	4
路线	横断面; 平面线形; 行车视距; 纵断面线形 路线交叉	熟悉典型的公路横断面形式及横断面的组成; 熟悉公路平面线形的设计要求; 理解行车视距的概念及在设计上的要求; 熟悉公路纵断面线形的设计要求; 熟悉路线交叉的类型	能够看懂公路横断面图; 能够看懂公路平面图,并且会计算各项曲线要素,会进行主桩桩号的计算; 能够理解超高、加宽的设置方法; 能够看懂纵断面设计图,会计算竖曲线设计高程; 能够阐述平交路口减少冲突点的方法	10
路基	概述; 路基的基本形式及有关规定; 路基排水设施; 路基防护与加固; 路基施工	熟悉路基的基本形式及有关规定; 熟悉路基排水设施的种类及作用; 熟悉路基防护与加固的种类和作用; 了解路基施工的基本方法	能够阐述常见的路基基本形式; 能够对照图纸现场确认路基排水设施、路基防护与加固工程,并明确其作用	8
路面	概述; 沥青路面; 水泥混凝土路面; 中、低级路面与基层; 路面防滑; 路面施工	熟悉路面结构层的种类以及路面的类型及分级; 熟悉沥青路面的种类; 熟悉水泥混凝土路面的构造; 了解路面施工的基本方法	能够阐述路面各结构层的名称、要求及作用; 能够看懂路面结构图纸	8

续上表

学习情境	工作任务	知识要求	技能要求	学时安排
桥梁	概述； 桥梁的基本组成和分类； 桥梁总体设计； 桥梁作用； 桥梁上部结构； 桥梁墩台结构； 桥梁施工	熟悉桥梁的基本组成和分类； 熟悉桥梁上部结构、桥梁墩台结构的构造； 了解桥梁施工的基本方法	能够看懂桥梁布置图，理解图上各尺寸数据的含义； 能够对照图纸在现场确认桥梁各部位，并明确其用途	16
涵洞	概述； 涵洞构造； 涵洞的施工要点及注意事项	熟悉涵洞的种类及各自构造； 了解涵洞施工的基本方法	能够看懂涵洞布置图，理解图上各尺寸数据的含义； 能够对照图纸在现场确认涵洞各部位，并明确其用途	4
隧道	概述； 公路隧道设计； 公路隧道的构造； 隧道设施； 公路隧道的防排水设计； 公路隧道的施工要点及注意事项	熟悉隧道的主体构造及其他附属设施； 了解隧道施工的基本方法	能够在现场确认隧道的主体构造及其他附属设施，并明确其作用	8
交通工程设施	护栏； 隔离栅； 交通标志； 道路交通标线	熟悉常见的交通工程设施的类型	能够现场确认常见的交通工程设施，并明确其作用	4
公路环境保护	交通与环境； 交通生态环境影响与保护； 噪声污染与控制； 空气污染防治； 公路与景观	了解公路建设和环境保护之间的关系	能够增强公路环境保护的意识	2
公路养护	概述； 路基养护； 路面养护； 桥涵养护	熟悉公路养护的基本要求； 了解公路养护的基本方法	能够对现有公路提出适当的养护方法	4
合计				68

4 课程实施和建议

4.1 课程的重点、难点及解决办法

课程重点：路线、路基、路面、桥梁、涵洞、隧道、交通安全设施。

课程难点:其一是如何使没有任何公路知识的学生去很好的理解和掌握公路的组成;其二是如何帮助学生将所学到的理论知识转化为能力和素质;其三是如何将学科最新发展成果应用于教学,使学生及时接触最新的公路相关知识。

解决办法:主要是采用以案例式教学为主的研讨型课堂教学方法,激发学生自主探索学习的兴趣。

4.2 教学方法和教学手段

(1)教学方法

①采用“案例教学法”。建立案例库,并注意经典案例和最新案例的结合。通过案例实践,使学生把理论应用于实践。同时注意案例实践与毕业设计结合,把教学过程、科研过程与实践结合在一起。这样,能大大激发学生的学习热情。

②采用“对照式教学法”。对于变化比较大的知识,采用导入式、对照式教学,通过新旧知识的比较,让学生了解旧知识的局限性、新知识的合理性,认识理论与实践的互动关系,更好地理解新理论、新政策,甚至可以预测学术动向和潜在实践方法,培养学生科研能力。

③采用“讨论教学法”。以基本原理、重点和难点由教师课堂讲授为前提,对于比较灵活的教学内容,教师事先提出一些问题,由学生自学、思考、准备,再到课上讨论。讨论中教师注意引导,学生畅所欲言,然后由教师归纳总结。

(2)教学手段

①开展学术讲座。利用课后时间,把现代公路的发展、研究热点及时介绍给学生。

②积极利用网络教学手段,提高教学内容的科学性、先进性和趣味性,加强学生与老师的实时交流。建设课程的教案、大纲、习题、案例等教学文件与参考资料上网开放,使广大学生得到优质的教学资源,方便学生在不同时间、不同地点根据自己的需要进行自主化、个性化学习。

③充分利用电化教学手段,加强形象直观教学。使用投影、录像、电视、VCD、教学软件等进行辅助教学,增强教学效果。

4.3 教学评价

本课程的评价主要是以阶段评价与最终评价相结合、理论评价与实践评价相结合的模式,突出过程与模块评价,结合课堂提问、操作技能、课后作业等手段,实践性考核比重大些,但要注重平时的评分汇集。平时的评分内容包括对职业道德、学习能力、团队协作精神、沟通交际能力、写作能力、语言表达能力、知识的运用和掌握能力等方面的考核。建议在教学中分任务模块评分,在课程结束时进行综合模块考核或者利用答辩的形式考查学生对所学知识的理解与掌握程度。这样多元化的评价体系得出的结果能够体现出本门课程的特殊性以及对学生的公平与公正。

4.4 教案编写建议

教案是教师依据课程标准的要求,结合个人教学实践和学生的认知水平设计、编写的教学实施方案,教案的编写应充分体现“以学生为主体的”理念,以利于教学的组织和围绕学生知识的学习以及职业能力的培养开展教学。

一般包括以下几项:

(1)教学内容及教学组织;

(2)教学方法的选择;

(3)学习情境设计;

(4)课后作业与课外学习。

4.5 教材编写

如果编写教材,那么必须依据本课程标准编写教材。教材的编写要充分体现项目课程设计思想,以项目为载体实施教学,项目选取要科学,要符合该门课程的工作逻辑,能形成系列,让学生在完成项目的过程中逐步提高职业能力,同时要考虑可操作性。教材内容要反映新形势下的公路建设,要与企业合作开发,让企业具有丰富实践经验的人员参与进来,同时还要结合高职高专工程监理专业教学的基本情况,以理论知识够用为度,注重实践能力的培养。教材编写还要考虑增加工程案例,并要及时对教材内容进行更新。

如果是选用教材,那么选用的教材一定要符合高职高专教学的要求,且为项目型教材,能够科学、合理的安排教材内容,帮助学生不断提高综合素质与职业能力。

4.6 课程资源的开发与利用

(1)教辅材料:要力求接近实践,最好是来源于实践的案例与情境,并开发课程的习题、参考文献等内容,向学生开放,以利于学生自主学习。

(2)实训指导书:格式正确、内容全面,且能具体写明对学生的各项要求。

(3)软件环境:不断完善实训室的软件环境,引进一些实用软件用于教学,为学生提供更好的软件计算条件。

(4)硬件环境:希望能够加大对硬件实训内容的建设,通过各种渠道加大对校外实训基地的建设,为学生的校外实践提供环境条件。

(5)信息技术:充分地利用各种信息技术,例如网络、多媒体课件等,为学生提供学习的便利条件。加大课程的网络资源建设,把与课程有关的文献资料、教学大纲、电子教案、教学课件、习题、教学视频、公路建设的相关前沿信息、与职业资格考试相关的资料、学生与教师的互动等都放到网上,充分为学生的自主学习提供环境条件。

《建筑构造与识图》课程标准

【课程编码】

01010188

【课程类别】

专业素质教育课程

【学　　时】

68

【适用专业】

工程造价(公路工程)专业

1　概述

1.1　课程的性质

《建筑构造与识图》是工程造价(公路工程)专业的一门专业特色课。它以建筑材料、建筑制图等课程为基础,同时又为建筑结构、建筑施工、定额与预算等后继专业课程提供必要的基础知识,在课程体系中起着承前启后的重要作用。

《建筑构造与识图》包括民用建筑构造和建筑设计。主要任务是整合前期各门课程中形成的单项能力,培养学生理解建筑设计理念,能够查阅有关建筑规范、建筑图集等资料,能够读懂建筑施工图,能够进行建筑构造处理的通用职业能力,并为学生形成专业核心能力构建能力平台。

《建筑构造与识图》通过构建理论与实践一体化课堂,与建设行业企业合作开发实践实训项目,建立起学习和工作的直接联系。它根据典型工作任务引导教学组织过程,采用任务驱动、案例教学、现场演示、小组学习等多元教学法,把学习地点由教室移到建筑工程模型、建筑工程模拟实训室或建筑工程施工现场进行,使"教、学、做"合一,实现"课堂与实习地点一体化"教学。

通过本课程的学习,培养学生的自学能力、社会能力,使学生具备科学的思维、工作和学习能力;培养其自主学习新技术、新知识的能力,使学生具有高尚的品德,严格的纪律观念以及工作中与人合作、交流、协商的能力,使学生成长为具有综合职业能力的建设者。

1.2　课程设计理念

本课程的设计思路是打破传统学科课程以知识为主线构建知识体系的模式,采用以建筑设计的工作任务为引领,通过工作任务来整合相关知识与技能,将该课程设计成任务引领型课程。

本课程所设计的相关工作任务是以建筑施工企业工作岗位作为课程主线,将本课程分解为建筑构造、建筑设计两个篇章,有利于学生循序渐进地从整体上认识和掌握本课程相关知识,并在实际设计中安排了多种实践活动。同时按照岗位工作任务的操作要求,倡导学生在"做"中"学"。通过实践训练,通过感官认识,加强对理论知识的认识,适应学生职业生涯发展的需要。

1.3　课程开发思路

根据高职教育的特点, 结合21世纪对建筑专业人才培养的要求,适应新形式下高职高专教育特点,突出产学研相结合的特点,注重学生专业实践技能的培训以培养应用型专业人才为目的来满足社会需求。因此要求建筑工科类各专业基础课程不断改进教学模式,明确新的发展思路，明确新的培养目标，提出新的教学改革思路、教学方法和教学手段，从而迈上新的发展平台。新的教学方法和教学手段应结合专业基础教育的整体结构和高职高专学校学生综合素质、创新能力与职业技能的特点，注重实践教育，强化技能训练，培养职业能力，按照应用型人才的应知、应会层次要求来培养学生，增强学生的适应性和发展潜力。

2 课程目标

2.1 思想教育目标

(1)培养勤奋的学习态度和理论联系实际的工作作风。

(2)敬业爱岗，以人为本。

2.2 知识教学目标

(1)了解民用与工业建筑设计及构造的原则。

(2)掌握一般民用和工业建筑构造的理论和方法。

(3)理解民用与工业建筑设计的基本理论和方法。

2.3 能力培养目标

(1)专业能力：能够查阅有关建筑规范、建筑图集等资料；能够读懂建筑施工图，进行建筑构造处理；能够理解设计理念，进行建筑设计。

(2)社会能力：具备良好的沟通能力和职业道德，严格的纪律观念；具备建筑工程质量安全意识、环保节能意识，严格遵守操作规程，严把质量关；树立与其他人员配合工作的团队意识，具有协作精神。

(3)方法能力：具备独立学习、尝试建筑构造新理论、新方法和新技术的能力。

3 课程内容与要求

课程内容和要求详见表2-11。

课程内容和要求 表2-11

序号	项目	任务(能力模块)	技能点(能力要求)	知识点	活动设计	参考课时
1	建筑初识	什么是建筑	(1)能够描述建筑物与构筑物的区别； (2)能够初步评价建筑	(1)建筑的含义； (2)建筑物与构筑物的区别； (3)建筑的三要素	活动一：图片欣赏 要求：识别建筑物和构筑物 活动二：建筑默写 要求：用手绘图形式表达出自己心目中的建筑	10
		建筑构造组成和功能要求	能够描述建筑构造组成内容及各部分功能要求	(1)组成：基础、墙体、楼地层、屋顶、楼梯、门窗； (2)各部分功能要求		
		建筑的分类分级	能够识别不同建筑类型	(1)建筑按使用性质、高度与层数、规模与数量、材料与结构来分类； (2)建筑按使用年限、耐火等级来分级		
		建筑设计的程序、要求及依据	能够了解建筑设计程序、要求及依据	(1)程序：方案设计、初步设计、技术设计、施工图设计； (2)要求：使用防火、防水防潮、隔声、隔热保温、抗震材料； (3)依据：使用性质、人体尺度及人体活动尺度、家具尺寸及家具使用尺寸、气候条件、地质水文、法规条文		

续上表

序号	项目	任务(能力模块)	技能点(能力要求)	知识点	活动设计	参考课时
2	建筑总平面图设计	设计总平面图	能够设计建筑总平面图	(1)建筑与城市规划的关系; (2)建筑与周围环境的关系	设计建筑总平面图	4
3	建筑平面设计	设计建筑平面图	能够设计建筑平面图	(1)主要使用房间平面设计; (2)辅助使用房间平面设计; (3)交通联系空间平面设计; (4)建筑平面组合设计	设计建筑平面图	6
4	建筑立面设计	设计立面图	能够设计建筑立面图	(1)建筑立面图设计要求; (2)建筑立面设计; (3)建筑体型设计	设计建筑立面图	4
5	建筑剖面设计	设计剖面图	能够设计建筑剖面图	(1)建筑剖面形状; (2)层数、高度确定	描绘建筑剖面图	6
6	建筑构造	基础	了解基础的构造	(1)地基与基础的区别; (2)基层埋置深度; (3)基础的分类; (4)基础的构造(刚性与柔性基础)	活动一:模型欣赏 活动二:建筑参观 要求:认识建筑各构造组成部分 活动三:楼梯设计 要求:设计计算商品住宅楼梯的最小进深	30
		墙体	了解墙体的构造	(1)墙体的分类、作用、组成; (2)砌筑方式、细部构造(防潮层、勒脚、散水、过梁、圈梁、构造柱); (3)隔墙的分类和构造		
		楼地层	了解楼地层的构造	(1)楼地层的构造做法; (2)阳台、雨篷的构造		
		屋顶	了解屋顶的构造	(1)屋顶形式、坡度、排水方式; (2)屋顶防水构造		
		门窗	能够了解门窗的构造做法	(1)门窗的形式、分类; (2)金属门窗的构造		
		楼梯	能够设计楼梯	(1)楼梯的构造组成、类型; (2)楼梯的尺度、设计计算; (3)楼梯的构造		
		变形缝	能够确定变形缝的设置位置,选择构造形式	(1)伸缩缝、沉降缝、防震缝设置原因; (2)各变形缝的构造		
其他		机动				4
		考核评价				4
总课时						68

4 课程实施和建议

4.1 课程的重点、难点及解决办法

本课程是公路工程造价专业的一门专业基础课程，重点是培养学生熟悉建筑设计的内容和建筑构造形式。

本课程的教学难点是如何编写接近设计实际运作的情境案例并进行教学实施、如何寻找企业与学校合作为学生提供实践练习的工作岗位以及如何熟练使用工程软件并进行教学实施工作。

解决办法是通过多种渠道加强与施工相关单位的沟通与合作，与单位合作建立校外实训基地，为学生实训提供条件；多种教学方法灵活运用，再配以课外作业等形式激发学生的学习动力，增强学生的学习兴趣，提高教学效果；不断完善现有的校内实训基地，增强软硬件的投资建设，尤其是软件的投资建设，为学生提供比较真实的操作环境，增强学生使用计算机设计的能力以及设计能力；建设和完善课程的网络资源，为学生的学习提供多种渠道的便利条件；加强任课教师实践能力的培养，增强其教学能力等。

4.2 教学方法和教学手段

(1)教学方法

本课程主要采用课堂分析法、情境模拟法、课外实践法等多种教学方法。

课堂分析法：主要应用在实际课堂教学中，教师创造适合的教学环境，让学生分组进行设计，主要利用教室来完成。

课外实践法：主要把企业单位的实际工程引入到教学中，让学生亲自在课余及其课外与设计施工单位的技术人员交流，以更好地掌握房屋建筑学的相关构造知识。

案例分析法：此方法贯穿整个教学过程，每一部分的知识都与案例的相对应，通过案例能够让学生更深地理解所学知识。

主题讨论法：通过教师引导，激发学生的学习欲望和热情，引导学生独立思考问题，学会搜集相关信息资料，在小组内讨论，并总结讨论结果在课堂上大胆发言。此过程中一定注意教师的身份，以学生为主，教师只是引导者，尽快达到教学目的。

多种教学方法的灵活应用，能够大大激发学生的学习热情，从而增强该门课程的教学效果。

(2)教学手段

多媒体教学：课堂教学以多媒体电子课件(PPT 电子教案)为主，配合使用板书。充分利用多媒体的优势，用电子课件制作大量内容丰富的教案，在配以案例等内容，以取得较好的教学效果。

网络教学：利用多媒体一体化教室、校园网等资源优势，构建本课程的教学网站，通过网络提供丰富的教学资源。包括教学大纲、教学实施计划、电子教案、PPT 课件、习题及答案、试卷、实习计划、工程施工图等。学生可以利用课余时间自主学习，开阔视野。

4.3 教学评价

本课程的评价主要是阶段评价与最终评价相结合、理论评价与实践评价相结合的模式，突出过程与模块评价，结合课堂提问、操作技能、课后作业等手段，实践性考核比重大些，但要注重平时的评分汇集。平时的评分内容包括职业道德、学习能力、团队协作精神、沟通交际能力、

写作能力、语言表达能力、知识的运用和掌握能力等方面的考核。建议在教学中分任务模块评分,在课程结束时进行综合模块考核或者利用答辩的形式考查学生对所学知识的理解与掌握程度。这样多元化的评价体系得出的结果能够体现出本门课程的特殊性以及对学生的公平与公正。

4.4 教案编写建议

教案是教师依据课程标准的要求,结合个人教学实践和学生的认知水平设计、编写教学实施方案,教案的编写应充分体现"以学生为主体"的理念,以利于教学的组织和围绕知识的学习以及职业能力的培养开展教学。

一般包括以下几项:

①教学内容及教学组织;

②教学方法的选择;

③学习情境设计;

④课后作业与课外学习。

4.5 教材编写

如果编写教材,那么必须依据本课程标准编写教材。教材的编写要充分体现项目课程设计思想,以项目为载体实施教学,项目选取要科学、符合该门课程的工作逻辑并形成系列,让学生在完成项目的过程中逐步提高职业能力,同时要考虑可操作性。教材内容要反映新形势下的结构构造内容,要与单位合作开发,让具有丰富实践经验的企业人员参与进来,同时还要结合高职公路工程造价专业教学的实际情况,以理论知识够用、注重实践能力的培养。教材编写要及时对教材内容进行更新。

如果是选用教材,那么选用的教材一定要符合高职高专教学的要求,且为项目型教材,能够科学、合理的安排教材内容,帮助学生不断提高综合素质与职业能力。

4.6 课程资源的开发与利用

(1)注重实训指导的开发和应用

实训指导书既是教师训练学生的指导文件,也是学生参加实训的参考书,所以在编制时必须注意可操作性,要求文字简练,脉络清晰。

(2)常规课程资源的开发和利用

可开发并应用一些直观且形象生动的建筑图片、构造模型、三维动画、视听光盘,以调动学生学习的积极性、主动性,促进学生理解、接受课程知识和业务流程。

(3)充分运用网络课程资源

可以利用现有多教学媒体、多样化、教学双向化、学习形式合作化。

(4)开发和利用校外实训基地

4.7 师资和实训条件

要求任课教师必须具有丰富的建筑设计和构造知识(包括理论知识和实践知识)、课程开发能力、基于学生能力培养的教学能力、为社会提供科技服务的能力等,以利于教学和课程的改革。

另外,本门课程的实训条件要求有"教、学、做"一体化的综合实训室,融教学与实训为一体,以及与课程相应的软件作支持。要求有与学校长期合作的企业作为实训基地,以满足学生顶岗实习的需要。

《工程测量》课程标准

【课程编码】

01030003

【课程类别】

专业素质教育课程

【学　　时】

90

【适用专业】

工程造价(公路工程)专业

1　概述

1.1　课程的性质

该课程是工程造价专业的一门专业技能课程,是在多年教学改革的基础上,通过对相关职业工作岗位进行充分地调研和分析,借鉴先进的课程开发理念和基于工作过程的课程开发理论,进行重点建设与实施的学习领域课程。目标是让学生掌握一般的测量方法(包括水准测量、角度测量、距离测量、坐标测量)、控制测量(平面控制、高程控制)、施工测量(施工控制、施工放样)、测量数据处理等方面的知识。重点培养学生实际工作岗位的动手操作技能,同时为学生将来的拓宽教育提供一个扎实的平台。它以《高等数学》和《道路工程制图》课程的学习为基础,也是进一步学习《公路施工技术》、《桥涵施工技术》、《公路设计》等专业核心课程的基础。

1.2　课程设计理念

(1)该课程是依据“土木类专业人才规格表与岗位能力分析表”中的“土木类专业知识结构、能力结构、岗位能力”设置的。其总体设计思路是,打破以知识传授为主要特征的传统学科课程模式,转变为基于工作过程的教学模式,以实际的工程测量工作任务为对象,组织学生通过完成这些工作任务来学习相关的知识、培养相应的职业能力。课程内容突出对学生职业能力的训练,相关理论知识均与所要完成的工作任务有密切联系,并充分考虑了高等职业教育对理论知识学习的需要,融合相关职业资格证书对知识、技能和态度的要求。课程的教学过程要通过校企合作、校内实训基地建设等多种途径,采取工学结合等形式,充分开发学习资源,给学生提供丰富的实践机会。教学效果评价采取过程评价与结果评价相结合的方式,通过理论与实践相结合,重点评价学生的职业能力。

(2)该门课程的总学时为90学时。以基于工作过程的课程开发理念为指导,以职业能力培养和职业素养养成为重点,根据技术领域和职业岗位(群)的任职要求,融合测量高级工职业资格标准,以实际测量过程中常用的测量方法(包括平面控制测量、高程控制测量、施工放样、平面位置检测、高程检测等)为典型工作过程,以来源于企业的实际案例为载体,以理实一体化的教学实训室为工作与学习场所,对课程内容进行序化。通过教学模式设计、教学方法设计、教学手段的灵活运用、教学目标的开放性设计、教学考核方法改革等，保证了学生专业技能、方法能力和社会能力的全面培养。

1.3 课程开发思路

根据高职教育的特点，按照学院"小学校、大课堂"的办学思路和"校企融合、同兴共赢"的办学模式，积极探索"校企合作、工学结合"的人才培养模式，积极探索以实践能力考核为主的课程评价方法，切实提高学生的职业能力和就业竞争力，具体措施体现在以下几个方面。

(1)基于典型工作过程分析，构建课程体系。

(2)以职业能力培养为核心，设计教学内容。

(3)以提高学生职业能力和职业素养为目标，重视实践教学。

(4)融合职业资格标准，推行双证书制。

(5)校企合作，共建新型实践教学基地。

(6)校企合作，形成实践技能课主要由企业兼职教师讲授的机制。

2 课程目标

本课程的培养目标是目前工程建设需要的工程测量人员，主要培养就业岗位为测量技术员，其核心能力为各种测量方法的应用能力、施工测量的能力、测量数据的分析和处理能力。这就要求学生首先掌握工程测量的基本知识，然后通过实训学会灵活应用所学知识，为后续课程的学习，为将来走上社会从事测量工作，打下扎实的基础。

2.1 知识目标

(1)掌握工程测量的基本概念。

(2)掌握各种高程测量的相关知识。

(3)掌握角度测量的基本知识和方法。

(4)掌握平面控制和高程控制的基本知识和方法。

(5)掌握施工测量的基本知识和方法。

(6)掌握工程测量数据分析和处理方法。

2.2 能力目标

(1)能熟练使用各种测量仪器。

(2)能独立完成水准测量工作。

(3)能独立完成角度测量工作。

(4)能独立完成平面控制测量工作。

(5)能独立完成高程控制测量工作。

(6)能独立完成施工测量工作。

(7)能对现场的测量数据进行分析和处理。

2.3 素质目标

(1)培养良好的思想品德、心理素质。

(2)培养良好的职业道德，包括爱岗敬业、诚实守信、遵守相关的法律法规等。

(3)培养良好的团队协作、协调人际关系的能力。

(4)培养对新知识、新技能的学习能力与创新能力。

3 课程内容和要求

根据课程目标和涵盖的工作任务要求，确定课程内容和要求（见表2-12），说明学生应获得的知识、技能与态度。

课程内容和要求　　表2-12

学习情境	工作任务	知识要求	技能要求	学时安排	
1. 测量的基本知识	1.1 测量任务、地面点位表示方法、测量的工作程序和原则	掌握测量的基本概念、地面点位的表示方法、测量工作的基本程序和原则	能熟悉测量的专业术语；能掌握测量的工作程序和基本原则	2	
2. 水准测量	2.1 水准测量原理	了解水准测量的原理；掌握水准测量的基本方法	能独立完成水准测量	1	12
	2.2 水准测量仪器及使用	了解水准仪的构造；掌握水准仪的技术操作	能熟练使用水准仪	1	
	实训1	水准仪使用	能熟练使用水准仪	2	
	2.3 普通水准测量	掌握普通水准测量实施过程；掌握水准测量数据的整理	能熟练独立完成普通水准测量；能独立完成数据平差	2	
	实训2	普通水准测量	小组配合完成普通水准测量	4	
	2.4 水准仪的检验与校正	掌握水准仪的三项检验方法	能独立完成水准仪检验	1	
	2.5 自动安平水准仪	掌握自动安平水准仪的使用	能熟练使用自动安平式水准仪	0.5	
	2.6 水准测量误差及注意事项	了解水准测量中的误差来源	能分析水准测量中的误差	0.5	
3. 角度测量	3.1 角度概念	熟悉角度的基本概念	熟悉角度的基本概念	1	16
	3.2 经纬仪及操作	了解经纬仪的构造；掌握经纬仪的技术操作	能熟练使用经纬仪	1	
	实训3	经纬仪使用	能熟练使用经纬仪	2	
	3.3 水平角测量	掌握水平角测量方法	能独立完成水平角测量	2	
	实训4	测回法测量水平角	能独立完成水平角测量及数据整理	4	
	实训5	方向法测量水平角	能独立完成水平角测量及数据整理	2	
	3.4 竖直角测量	掌握竖直角计算公式；掌握竖直角测量方法	能独立完成竖直角测量及数据整理	1	
	实训6	竖直角测量	能独立完成竖直角测量及数据整理	2	
	3.5 角度测量误差及注意事项	了解角度测量中的误差来源	能分析角度测量中的误差	1	
4. 距离测量与直线定向	4.1 卷尺测距	掌握钢尺量距的方法	能使用钢尺测量距离	2	6
	4.2 视距测量	掌握视距测量计算公式；掌握视距测量方法	能独立完成视距测量	2	
	4.3 直线定向	掌握直线方向的表示方法	能确定直线的方位角	1	
	4.4 罗盘仪的使用	掌握罗盘仪的使用	能利用罗盘仪测量直线的磁方位角	1	

续上表

学习情境	工作任务	知识要求	技能要求	学时安排	
5.全站仪及操作	5.1 全站仪使用	熟悉全站仪的功能； 掌握全站仪的操作	能熟练操作全站仪	2~4	4
	实训7	掌握全站仪的技术操作	能熟练操作全站仪	2	
6. GPS测量简介	6.1 GPS系统组成及GPS接收仪使用	了解GPS系统组成； 掌握GPS接收仪操作	能熟练操作GPS接收仪	1~2	3
	实训8	掌握GPS接收仪操作	能完成GPS接收仪操作	2	
7.测量误差基本知识	7.1 误差基本概念	了解测量误差的基本分类	能判别误差类型	2	4
	7.2 误差特性	了解误差的特性	了解误差特性	2	
8.控制测量	8.1 控制测量及等级	了解平面控制的形式和等级	了解平面控制的形式和等级	1	16
	8.2 控制点选择	掌握控制点选择的原则	能完成施工现场控制点的选择	1	
	8.3 导线测量(1)	掌握导线测量的外业工作； 掌握导线平差计算	能独立完成导线外业； 能独立完成导线平差计算	1	
	实训9	导线平差计算	能独立完成导线平差计算	4	
	8.4 导线测量(2)	掌握全站仪导线测量方法	能使用全站仪进行导线测量及数据平差计算	1	
	8.5 GPS替代常规平面控制	了解GPS控制的优点； 掌握GPS控制点选择的原则	能完成GPS控制测量	2	
	8.6 交会法定点	掌握局部控制点加密方法	能独立完成局部控制点加密	2	
	8.7 高程控制	掌握三、四等水准测量方法	能完成四等水准测量	2	
	实训10	四等水准测量	能完成四等水准测量及数据处理	2	
9.大比例尺地形图测绘及应用	9.1 地形图的基本知识	掌握地形图的基本知识	能熟悉地形图的基本要求	2	12
	9.2 地形图表示方法	掌握地物、地貌表示方法	熟悉地物、地貌表示方法	2	
	9.3 测图前准备工作	熟悉测图前的各项准备工作	能完成测图前的各项准备工作	1	
	9.4 地形图测绘	掌握地形图测绘方法	能完成地形图测绘	1	
	实训11	地形图测绘	能完成地形图测绘	2	
	9.5 地形图检查、接图	掌握地形图检查内容； 掌握接图方法	能完成地形图检查工作； 能完成接图工作	1	
	9.6 数字测图	掌握数字化测图的过程	能完成数字化测图	1	
	9.7 地形图应用	掌握地形图应用	能熟练利用地形图获得基础数据	2	

续上表

学习情境	工作任务	知识要求	技能要求	学时安排	
10. 道路中线测量	10.1 选线测量	掌握选线的基本方法	能独立完成选线任务	1～1.5	9
	10.2 测角组工作及要求	掌握转角的测定方法	能完成转角的测定	1～1.5	
	10.3 里程桩的设置	掌握里程桩的设置规则	能完成里程桩的设置	1	
	10.4 圆曲线测设	掌握圆曲线测设数据准备； 掌握圆曲线测设方法	能完成圆曲线的测设	3～4	
	10.5 缓和曲线测设	掌握缓和曲线测设数据准备； 掌握缓和曲线测设方法	能完成缓和曲线的测设	3～4	
11. 路线纵横断面测量	11.1 纵断面测量	掌握纵断面测量方法及要求； 掌握纵断面图的绘制方法	能完成纵断面测量； 能绘制纵断面图	2	4
	11.2 横断面测量	掌握横断面测量方法及要求； 掌握横断面图的绘制方法	能完成横断面测量； 能绘制横断面图	2	
12. 公路工程施工测量	12.1 公路施工放样的任务	了解公路施工测量的任务	清楚公路施工测量内容	1	2
	12.2 施工放样的基本方法	掌握施工测量的基本方法	能完成施工放样的基本工作	1	
合计				90	

4 课程实施和建议

4.1 教学方法

本课程教学分为三个环节:课堂讲授、课间实训、综合实训。

(1)课堂理论教学:54 学时。

课前预习:学生课下进行。

课堂讲授:复习及课题引入,讲授新内容,通过互动了解学生知识掌握情况。

实际案例:结合工程中的实际案例进行讲解,提高学生学习兴趣。

课下作业:思考题、计算能力训练。

课下辅导:利用自习课及课余时间对学生进行辅导答疑,并通过电话、网络等联系方式对学生随时进行辅导。

(2)课间实训:36 学时。

教师讲授:实训目的、要求、操作要点、数据整理及注意事项。

学生操作:按要求完成实训内容。

教师辅导:全程跟踪、对学生实训过程中出现的各种问题随时纠正、指导,帮助学生完成实训的训练。

作业:完成实习报告。

(3)综合实训:72 学时。

实训动员:实训前,组织开展实习动员会,布置实训任务。

实训过程:学生按要求完成实训任务。

教师指导:全程跟踪、对学生实训过程中出现的各种问题随时纠正、指导,帮助学生完成实训任务。

成果:完成数据整理、图纸绘制、实习报告。

4.2 教学手段

多媒体教学:课堂教学以多媒体电子课件(PPT 电子教案)为主,配合使用黑板板书。充分利用多媒体的优势,用电子课件制作大量内容丰富的教案,再配以案例、习题等内容,以取得较好的教学效果。

模拟施工现场教学:给学生布置实质性的操作任务,让他们在规定的时间内完成。锻炼他们独立的工作能力,以达到对书本知识的进一步巩固。

网络教学:利用多媒体一体化教室、校园网等资源优势,构建本课程的教学网站,通过网络提供丰富的教学资源,包括教学大纲、教学实施计划、电子教案、PPT 课件、习题及答案、试卷、实习计划、案例、论文等。学生可以利用课下时间自主学习,开阔视野。

4.3 教学评价

本课程的评价主要是采用阶段评价与最终评价相结合、理论评价与实践评价相结合的模式,突出过程与模块评价,结合课堂提问、操作技能、课后作业等手段,实践性考核比重大些,但要注重平时的评分汇集。平时的评分内容包括职业道德、学习能力、团队协作精神、沟通交际能力、写作能力、语言表达能力、知识的运用和掌握能力等方面的考核。建议在教学中分任务模块评分,在课程结束时进行综合模块考核或者利用答辩的形式考查学生对所学知识的理解与掌握程度。这样多元化的评价体系得出的结果能够体现出本门课程的特殊性以及对学生的公平与公正。各任务模块可参照表 2-13 进行评价。

教学评价表 表 2-13

学习情境	工作任务	评价目标	评价方式	评价比重(%)
1. 测量的基本知识	1.1 测量任务、地面点位表示方法、测量的工作程序和原则	能熟悉测量的专业术语; 能掌握测量的工作程序和基本原则	过程性评价:提问、案例分析、课后作业; 总结性评价:卷考——判断题、选择题、概念题、填空题等	1
2. 水准测量	2.1 水准测量原理	能独立完成水准测量	过程性评价:提问、课后作业; 总结性评价:卷考——简答题	1
	2.2 水准测量仪器及使用	能熟练使用水准仪	过程性评价:提问、案例分析、课后作业; 总结性评价:卷考——填空题、实训等	2
	实训 1	能熟练使用水准仪	过程性评价:实习报告; 总结性评价:技能考核	2
	2.3 普通水准测量	能熟练独立完成普通水准测量; 能独立完成数据平差	过程性评价:提问、案例分析、课后作业; 总结性评价:卷考——填空题、计算题、实训等	2

续上表

学习情境	工作任务	评价目标	评价方式	评价比重（%）
2. 水准测量	实训2	小组配合完成普通水准测量	过程性评价：实习报告； 总结性评价：技能考核	2
	2.4 水准仪的检验与校正	能独立完成水准仪检验	过程性评价：提问、案例分析、课后作业； 总结性评价：卷考——填空题、实训等	2
	2.5 自动安平水准仪	能熟练使用自动安平式水准仪	过程性评价：提问、案例分析、课后作业； 总结性评价：卷考——填空题、实训等	2
	2.6 水准测量误差及注意事项	能分析水准测量中的误差	过程性评价：提问、案例分析、课后作业； 总结性评价：卷考——填空题	1
3. 角度测量	3.1 角度概念	熟悉角度的基本概念	过程性评价：提问、案例分析、课后作业； 总结性评价：卷考——概念题	2
	3.2 经纬仪及操作	能熟练使用经纬仪	过程性评价：提问、案例分析、课后作业； 总结性评价：卷考——填空题、实训等	2
	实训3	能熟练使用经纬仪	过程性评价：实习报告； 总结性评价：技能考核	2
	3.3 水平角测量	能独立完成水平角测量	过程性评价：提问、案例分析、课后作业； 总结性评价：卷考——简答题、实训等	2
	实训4	能独立用测回法完成水平角测量及数据整理	过程性评价：实习报告； 总结性评价：技能考核	2
	实训5	能独立用方向法完成水平角测量及数据整理	过程性评价：实习报告； 总结性评价：技能考核	2
	3.4 竖直角测量	能独立完成竖直角测量及数据整理	过程性评价：提问、案例分析、课后作业； 总结性评价：卷考——简答题、实训等	1
	实训6	能独立完成竖直角测量及数据整理	过程性评价：实习报告； 总结性评价：技能考核	2
	3.5 角度测量误差及注意事项	能分析角度测量中的误差	过程性评价：提问、案例分析、课后作业； 总结性评价：卷考——填空题	1

续上表

学习情境	工作任务	评价目标	评价方式	评价比重（%）
4. 距离测量与直线定向	4.1 卷尺测距	能使用钢尺测量距离	过程性评价：提问、案例分析、课后作业； 总结性评价：卷考——填空题、计算题、实训等	2
	4.2 视距测量	能独立完成视距测量	过程性评价：提问、案例分析、课后作业； 总结性评价：卷考——计算题、实训等	2
	4.3 直线定向	能确定直线的方位角	过程性评价：提问、案例分析、课后作业； 总结性评价：卷考——概念题、计算题	1
	4.4 罗盘仪的使用	能利用罗盘仪测量直线的磁方位角	过程性评价：提问、案例分析、课后作业； 总结性评价：卷考——实训	2
5. 全站仪及操作	5.1 全站仪使用	能熟练操作全站仪	过程性评价：提问、案例分析、课后作业； 总结性评价：实训	2
	实训 7	能熟练操作全站仪	过程性评价：实习报告； 总结性评价：技能考核	2
6. GPS 测量简介	6.1 GPS 系统组成及 GPS 接收仪使用	能熟练操作 GPS 接收仪	过程性评价：提问、案例分析、课后作业； 总结性评价：实训	2
	实训 8	能完成 GPS 接收仪操作	过程性评价：实习报告； 总结性评价：技能考核	2
7. 测量误差基本知识	7.1 误差基本概念	能判别误差类型	过程性评价：提问、案例分析、课后作业； 总结性评价：卷考——填空题、判断题、概念题等	2
	7.2 误差特性	了解误差特性	过程性评价：提问、案例分析、课后作业； 总结性评价：卷考——简答题	2
8. 控制测量	8.1 控制测量及等级	了解平面控制的形式和等级	过程性评价：提问、案例分析、课后作业； 总结性评价：卷考——填空题、判断题、概念题等	2

续上表

学习情境	工作任务	评价目标	评价方式	评价比重（%）
8. 控制测量	8.2　控制点选择	能完成施工现场控制点的选择	过程性评价：提问、案例分析、课后作业； 总结性评价：卷考——简答题	2
	8.3　导线测量（1）	能独立完成导线外业； 能独立完成导线平差计算	过程性评价：提问、案例分析、课后作业； 总结性评价：卷考——填空题、计算题、实训等	2
	实训 9	能独立完成导线平差计算	过程性评价：实习报告； 总结性评价：技能考核	2
	8.4　导线测量（2）	能使用全站仪进行导线测量及数据平差计算	过程性评价：提问、案例分析、课后作业； 总结性评价：卷考——填空题、计算题、实训等	2
	8.5　GPS 替代常规平面控制	能完成 GPS 控制测量	过程性评价：提问、案例分析、课后作业； 总结性评价：卷考——填空题、实训等	2
	8.6　交会法定点	能独立完成局部控制点加密	过程性评价：提问、案例分析、课后作业； 总结性评价：卷考——简答题、计算题	1
	8.7　高程控制	能完成四等水准测量	过程性评价：提问、案例分析、课后作业； 总结性评价：卷考——填空题、计算题、实训等	2
	实训 10	能完成四等水准测量及数据处理	过程性评价：实习报告； 总结性评价：技能考核	2
9. 大比例尺地形图测绘及应用	9.1　地形图的基本知识	能熟悉地形图的基本要求	过程性评价：提问、案例分析、课后作业； 总结性评价：卷考——填空题、概念题等	1
	9.2　地形图表示方法	熟悉地物地貌表示方法	过程性评价：提问、案例分析、课后作业； 总结性评价：卷考——填空题、简答题	2
	9.3　测图前准备工作	能完成测图前的各项准备工作	过程性评价：提问、案例分析、课后作业； 总结性评价：卷考——简答题、实训等	2

续上表

学习情境	工作任务	评价目标	评价方式	评价比重（%）
9. 大比例尺地形图测绘及应用	9.4　地形图测绘	能完成地形图测绘	过程性评价：提问、案例分析、课后作业； 总结性评价：卷考——填空题、计算题、实训等	2
	实训 11	能完成地形图测绘	过程性评价：实习报告； 总结性评价：技能考核	2
	9.5　地形图检查、接图	能完成地形图检查工作； 能完成接图工作	过程性评价：提问、案例分析、课后作业； 总结性评价：卷考——填空题、简答题等	2
	9.6　数字测图	能完成数字化测图	过程性评价：提问、课后作业； 总结性评价：实训	2
	9.7　地形图应用	能熟练利用地形图获得基础数据	过程性评价：提问、案例分析、课后作业； 总结性评价：卷考—填空题、简答题等	2
10. 道路中线测量	10.1　选线测量	能独立完成选线任务	过程性评价：提问、案例分析、课后作业； 总结性评价：卷考——填空题、简答题等	2
	10.2　测角组工作及要求	能完成转角的测定	过程性评价：提问、案例分析、课后作业； 总结性评价：卷考——概念题、计算题等	2
	10.3　里程桩的设置	能完成里程桩的设置	过程性评价：提问、案例分析、课后作业； 总结性评价：卷考——填空题、简答题等	2
	10.4　圆曲线测设	能完成圆曲线的测设	过程性评价：提问、案例分析、课后作业； 总结性评价：卷考—填空题、简答题、计算，实训等	2
	10.5　缓和曲线测设	能完成缓和曲线的测设	过程性评价：提问、案例分析、课后作业； 总结性评价：卷考——填空题、简答题、计算，实训等	2

续上表

学习情境	工作任务	评价目标	评价方式	评价比重（%）
11. 路线纵横断面测量	11.1　纵断面测量	能完成纵断面测量； 能绘制纵断面图	过程性评价：提问、案例分析、课后作业； 总结性评价：卷考——填空题、简答题、计算，实训等	2
	11.2　横断面测量	能完成横断面测量； 能绘制横断面图	过程性评价：提问、案例分析、课后作业； 总结性评价：卷考——填空题、简答题、计算题，实训等	2
12. 公路工程施工测量	12.1　公路施工放样的任务	清楚公路施工测量内容	过程性评价：提问、案例分析、课后作业； 总结性评价：卷考—填空题、简答，实训等	2
	12.2　施工放样的基本方法	能完成施工放样的基本工作	过程性评价：提问、案例分析、课后作业； 总结性评价：卷考——填空题、简答题，实训等	2
合　计				100

说明：每个模块的考核主要考察学生的出勤情况，实际动手能力，理论知识的运用与掌握情况，完成作业的准确度、完整度、规范度等，分析问题、解决问题的能力，合作沟通能力，学习态度，总结报告（报告的内容、态度、写作水平等）等评定项目。

4.4　教案及教材编写建议

（1）教案编写

教案是教师依据课程标准的要求，结合个人教学实践和学生的认知水平设计、编写的教学实施方案，教案的编写应充分体现“以学生为主体”的理念，以利于教学的组织和围绕学生知识的学习以及职业能力的培养开展教学。

一般包括以下几项：

①教学内容及教学组织；

②教学方法的选择；

③学习情境设计；

④课后作业与课外学习。

（2）教材编写

如果编写教材，那么必须依据本课程标准编写教材。教材的编写要充分体现项目课程设计思想，以项目为载体实施教学，项目选取要科学、符合该门课程的工作逻辑，能形成系列，让学生在完成项目的过程中逐步提高职业能力，同时要考虑可操作性。教材内容要反映新形势下的工程测量的内容，要与企业合作开发，让企业具有丰富实践经验的人员参与进来，同时还要结合高职高专土建类专业教学的基本情况，以理论知识够用为度、注重实践能力的培养。教材编写还要考虑与其他课程相重复的内容，并要及时对教材内容进行更新。

如果是选用教材，那么选用的教材一定要符合高职高专教学的要求，且为项目型教材，能够科学、合理地安排教材内容，帮助学生不断提高综合素质与职业能力。

4.5 课程资源的开发与利用

(1)教辅材料:要力求接近实践,最好是来源于实践的案例与情境,并开发课程的习题、参考文献等内容,向学生开放,以利于学生自主学习。

(2)实训指导书:格式正确、内容全面,且能具体写明对学生的各项要求。

(3)软件环境:不断完善和《工程测量》有关的综合实训室的软件环境,引进一些工程软件用于教学,为学生提供更好的工程软件模拟条件。

(4)硬件环境:希望能够加大和完善硬件实训内容的建设。

(5)信息技术:充分的利用各种信息技术,例如网络、多媒体课件等,为学生提供学习的便利条件。加大课程的网络资源建设,把与课程有关的文献资料、教学大纲、电子教案、教学课件、习题、教学视频、工程设计和施工的相关前沿信息、与职业资格考试相关的资料、学生与教师的互动等都放到网上,充分为学生的自主学习提供环境条件。

《定额编制与管理》课程标准

【课程编码】

01030160

【课程类别】

专业特色课程

【学　　时】

60

【适用专业】

工程造价(公路工程)专业

1　概述

1.1　课程的性质

该课程是工程造价专业的一门专业技能课程,是在多年教学改革的基础上,通过对工程造价相关职业工作岗位进行充分地调研和分析,借鉴先进的课程开发理念和基于工作过程的课程开发理论,进行重点建设与实施的学习领域课程。目标是让学生广泛掌握公路工程定额编制与管理的原理与方法,重点培养学生实施公路工程定额编制与应用的能力。它是进一步学习《公路工程造价》等课程的基础。

1.2　课程设计理念

(1)该课程总体设计思路打破了以知识传授为主要特征的传统学科课程模式,转变为基于工作过程的教学模式,以完整的定额编制与管理的工作任务为对象,组织学生通过完成这些工作任务来学习相关的知识、培养相应的职业能力。课程内容突出对学生职业能力的训练,相关理论知识均与所要完成的工作任务有密切联系,并充分考虑了高等职业教育对理论知识学习的需要,融合相关职业资格证书对知识、技能和态度的要求。课程的教学过程要通过校企合作、校内实训基地建设等多种途径,采取工学结合等形式,充分开发学习资源,给学生提供丰富的实践机会。教学效果评价采取过程评价与结果评价相结合的方式,通过理论与实践相结合,重点评价学生的职业能力。

(2)该门课程的总学时为60学时。该课程标准以基于工作过程的课程开发理念为指导,以职业能力培养和职业素养养成为重点,根据技术领域和职业岗位(群)的任职要求,以公路工程定额编制与管理课程中的主要教学内容分解为典型工作过程,以来源于企业的实际案例为载体,以理实一体化的教学实训室为工作与学习场所,对课程内容进行优化。通过教学模式的设计、教学方法的设计、教学手段的灵活运用、教学目标的开放性设计、教学考核方法的改革等,保证了学生专业能力、方法能力和社会能力的全面培养。

1.3　课程开发思路

根据高职教育的特点,按照学院"小学校、大课堂"的办学思路和"校企融合、同兴共赢"

的办学模式,积极探索“校企合作、工学结合”的人才培养模式,积极探索以实践能力考核为主的课程评价方法,切实提高学生的职业能力和就业竞争力,具体措施体现在以下几个方面。

(1)基于典型工作过程分析,构建课程体系。

(2)以职业能力培养为核心,设计教学内容。

(3)以提高学生职业能力和职业素养为目标,重视实践教学。

(4)融合职业资格标准,推行双证书制。

(5)校企合作,共建新型实践教学基地。

(6)校企合作,形成实践技能课主要由企业兼职教师讲授的机制。

2 课程目标

本课程的培养目标是公路工程定额编制、应用及管理人员,主要培养公路工程施工单位定额编制、施工管理人员,其核心能力为熟悉公路工程定额体系及编制原理,并能利用所学原理从事定额编制工作和进行工程管理的能力。这就要求学生首先掌握公路工程定额编制的基本原理,然后通过实训学会灵活应用所学知识,为后续课程的学习及将来走上社会从事公路工程施工管理工作,打下坚实的基础。

2.1 知识目标

(1)掌握公路工程主要材料分类、主要施工机械种类及功能。

(2)掌握公路工程施工定额的编制及应用。

(3)掌握公路工程机械台班费用定额编制及应用。

(4)掌握公路工程概预算定额的编制与应用。

(5)了解公路工程估算指标的编制与应用。

(6)了解公路施工工期定额及费用定额的编制原理及应用。

2.2 素质目标

(1)培养良好的思想品德、心理素质。

(2)培养良好的职业道德,包括爱岗敬业、诚实守信、遵守相关的法律法规等。

(3)培养良好的团队协作、协调人际关系的能力。

(4)培养对新知识、新技能的学习能力与创新能力。

2.3 能力目标

(1)能熟悉公路工程施工组织设计中常用的工程材料、施工机械。

(2)能编制简单的公路工程概预算定额及补充预算定额。

(3)能编制公路估算指标。

(4)能编制公路工期定额及费用定额。

(5)会利用定额进行施工组织管理。

3 课程内容和要求

根据专业课程目标和涵盖的工作任务要求,确定课程内容和要求(见表2-14),说明学生应获得的知识、技能与态度。

课程内容和要求　　表2-14

学习情境	工作任务	知识要求	技能要求	学时安排	
1. 定额基本知识	什么是定额； 工程建设定额体系	定额概述； 定额的分类	认识什么是定额及定额的内涵； 熟悉公路工程定额建设体系	2	4
	工程建设定额的特点； 定额管理	工程建设定额的特点； 工程建设定额管理	了解定额的特点； 工程建设定额管理有关规定	2	
2. 工程材料	材料的分类； 常用工程材料； 估算指标、概算定额、预算定额中各种材料品种、规格综合扩大的原则和范围	材料的分类； 常用工程材料； 在估算指标、概算定额、预算定额中各种材料品种、规格综合扩大的原则和范围	掌握工程材料分类标准； 掌握常用工程材料； 掌握材料在定额中的应用原则	4	4
3. 施工机械	土石方工程机械	土石方机械之推土机； 土石方机械铲运机与挖掘机； 土石方机械装载机、压路机	掌握土石方工程机械分类及应用	4	12
	路面及混凝土灰浆机械	路面工程机械； 混凝土及灰浆机械	掌握路面机械、混凝土、灰浆机械分类及应用	4	
	水平、垂直、桥梁桩工机械及其他机械	水平运输机械； 起重及垂直运输机械； 打桩、钻孔机械； 其他机械	掌握水平、垂直、桥梁桩工机械及其他机械	2	
4. 施工定额	施工定额用途、内容、形式及编制原则	施工定额的用途、内容和形式； 施工定额的编制原则	掌握施工定额用途、内容、形式及编制原则	4	8
	工作时间测定	工作时间的研究和分类； 测定时间消耗的基本方法——计时观察法	掌握计时观察法	4	
	施工定额的编制	施工定额的编制； 施工定额的贯彻	掌握施工定额的编制方法	2	
5. 机械台班费用定额	机械台班费用定额的应用	机械台班费用定额的编制原则和依据； 机械台班费用定额的构成与确定	掌握机械台班费用定额编制与应用	6	6

续上表

学习情境	工 作 任 务	知 识 要 求	技 能 要 求	学时安排	
6. 预算定额	预算定额作用及原则	预算定额的作用； 预算定额的编制原则和依据； 定额指标的编制程序和质量要求	掌握预算定额的作用、编制原则、依据	4	10
	预算定额编制	预算定额的编制； 预算定额的编制表现形式； 预算定额的编制实例； 补充预算定额的编制	掌握预算定额编制原理、过程及应用	10	
7. 概算定额	概算定额编制	概算定额的作用； 概算定额的编制原则和依据； 概算定额的编制； 概算定额的表现形式； 概算定额的实例	掌握概算定额编制原理、过程及应用	4	4
8. 估算指标	估算指标编制	估算指标作用； 估算指标的编制原则和依据； 估算指标编制； 估算指标的表现形式； 估算指标工程量计算规则； 估算指标的编制实例	掌握估算指标编制原理、方法及应用	4	4
9. 工程建设定额及费用定额	工程建设定额及费用定额编制	建设工程定额； 公路基本建设工程费用定额； 复习	掌握工程建设定额及费用定额编制原理	4	4

4　课程实施和建议

4.1　课程的重点、难点及解决办法

本课程是工程造价专业的专业主干课程，重点是培养学生了解定额编制原理、过程及应用定额进行工程管理的能力。

本课程的教学难点是在学生仅学过公路概论的情况下，让学生尽可能多的了解公路构造物的施工过程，为定额编制与应用打好基础；如何在固定的学时内找好这个平衡点是关键，既要穿插一些工程基础知识，又要重点讲授定额的原理、编制及应用。

解决办法是每次正式开课前结合要讲的内容先给学生补充一些工程施工常识，在这个基础上再讲授定额编制及管理的相关知识，这样教学连贯性好，学生更易接受；此外还灵活运用多种教学方法，再配以课外作业等形式激发学生的学习动力，增强学生的学习兴趣，提高教学效果；建设和完善课程的网络资源，为学生的学习提供多种渠道的便利条件；加强任课教师实

践能力的培养，增强其教学能力等。

4.2 教学方法和教学手段

(1)教学方法

本课程主要采用情境模拟法、课外实践法、案例分析法、主题讨论法等多种教学方法。

情境模拟法：主要应用在公路工程定额编制的教学中，教师创造适合的教学环境，让学生分组扮演不同的情境角色来模拟实际的施工过程。可以利用土木工程实训室来完成路基、路面、桥梁等的情境模拟练习，为相关工程的定额编制打好基础。

课外实践法：让学生深入公路工程施工现场，学习路基、路面、桥梁、隧道等构造物的施工相关知识，为定额的编制过程及应用打好工程基础。

案例分析法：此方法贯穿了整个教学的全过程，每一部分的知识都有相关工程案例与之配套，有的是通过案例分析引入所学知识，有的是教学过程中不断引入的相对应的案例，通过案例能够让学生更深刻地理解所学知识。

主题讨论法：不定期地选择与"定额编制与管理"有关的主题内容组织学生进行讨论，通过教师引导，激发学生的学习欲望和热情，引导学生独立思考问题，学会搜集相关信息资料，在小组内讨论，并总结讨论结果在课堂上大胆发言。此过程中一定注意教师的身份，以学生为主，教师只是引导者。通过主题讨论法，可以增强学生对知识的记忆与理解，从而达到教学目的。

多种教学方法的灵活应用，能够大大激发学生的学习热情，从而增强该门课程的教学效果。

(2)教学手段

循序渐进原则：每一部分定额内容讲授之前，先辅之以施工预备知识，在此基础上为学生讲授定额编制的原理及过程，最后是定额的应用。

多媒体教学：课堂教学以多媒体电子课件(PPT 电子教案)为主，配合使用黑板板书。充分利用多媒体的优势，用电子课件制作大量内容丰富的教案，再配以案例、习题等内容，以取得较好的教学效果。

网络教学：利用多媒体一体化教室、校园网等资源优势，构建本课程的教学网站，通过网络提供丰富的教学资源，包括教学大纲、教学实施计划、电子教案、PPT 课件、习题及答案、试卷、实习计划、案例、论文等。学生可以利用课下时间自主学习，开阔视野。

4.3 教学评价

本课程的评价主要是采用阶段评价与最终评价相结合、理论评价与实践评价相结合的模式，突出过程与模块评价，结合课堂提问、操作技能、课后作业等手段，实践性考核比重大些，但要注重平时的评分汇集。平时的评分内容包括对职业道德、学习能力、团队协作精神、沟通交际能力、写作能力、语言表达能力、知识的运用和掌握能力等方面的考核。建议在教学中分任务模块评分，在课程结束时进行综合模块考核，或者利用答辩的形式考查学生对所学知识的理解与掌握程度。这样多元化的评价体系得出的结果能够体现出本门课程的特殊性以及对学生的公平与公正。

4.4 教案编写建议

教案是教师依据课程标准的要求，结合个人教学实践和学生的认知水平设计、编写的教学实施方案，教案的编写应充分体现"以学生为主体"的理念，以利于教学的组织和围绕学生知识的学习以及职业能力的培养开展教学。

一般包括以下几项：

(1)教学内容及教学组织；

(2)教学方法的选择；

(3)学习情境设计；

(4)课后作业与课外学习。

4.5 教材编写

如果编写教材，那么必须依据本课程标准编写教材。教材的编写要充分体现项目课程设计思想，以项目为载体实施教学，项目选取要科学、符合该门课程的工作逻辑，能形成系列，让学生在完成项目的过程中逐步提高职业能力，同时要考虑可操作性。教材内容要反映新形势下的公路定额编制与管理的内容，要与交通部门定额站或有关企业合作开发，让企事业单位具有丰富实践经验的人员参与进来，同时还要结合高职高专工程造价专业教学的基本情况，以理论知识够用为度、注重实践能力的培养。

如果是选用教材，那么选用的教材一定要符合高职高专教学的要求，且为项目型教材，能够科学、合理地安排教材内容，帮助学生不断提高综合素质与职业能力。

《建筑结构与识图》课程标准

【课程编码】

01030178

【课程类别】

专业特色课程

【学　　时】

60

【适用专业】

工程造价(公路工程)专业

1　概述

1.1　课程性质

该课程是工程造价专业的一门专业技能课程,实践性强。是在《建筑构造与识图》课程的基础上,强化熟悉结构施工图的表示方法,熟悉一般结构构造规定,掌握结构施工图的识读方法和技巧,具备正确理解结构施工图并能够依据图纸列出钢筋表的能力;能够根据施工图进行工程量计算,编写工程量清单,确定工程造价。

1.2　课程基本理念

工程造价专业主要培养面向施工一线的工程造价技术人才,识图能力是工程造价专业学生的核心能力之一,而结构施工图的识读是其难点。

本课程设计理念主要以职业能力培养为目标,以职业技术岗位需求为导向,以任务为载体、学生为中心,以校企合作、工学结合、基于工作过程为方式,进行课程开发与设计,充分体现了职业性、实践性和开放性的要求。

1.3　课程设计思路

按照土建工程技术领域和二级建造师、施工员、质检员、实验员、资料员、预算员、监理员、设计员等岗位职业资格标准,以岗位分析和具体工作过程为导向,根据行业企业发展需要和完成职业岗位实际工作任务所需要的知识、能力、素质要求,选取和改革课程教学内容;会同企业技术人员设计教学能力训练项目,设计融学习过程于工作过程中的职业情境,培养学生发现问题、分析问题和解决问题的能力,为学生可持续发展奠定良好的基础。

2　课程目标

2.1　总目标

通过本课程的学习,要求学生了解组成建筑物的建筑、结构、水、暖、电等各工种间的相互关系,熟悉并掌握建筑、结构、水、暖、电等各工种施工图;力求培养学生将工程图纸转化为建筑实体的能力;同时根据施工图进行工程量计算,编写工程量清单,确定工程造价。

2.2 具体目标

(1)对结构施工图的识读能力和绘制能力。

(2)根据结构施工图计算列出钢筋表的能力。

(2)培养严谨认真的工作作风和工作方法。无论工程设计还是工程施工都是严肃的科学实践,要有严谨的科学态度。

(4)培养遵循制图标准和创新的能力。

3 内容标准

教学内容分配表见表2-15。

教学内容分配表　　表2-15

编号	能力训练项目名称	能力目标	知识要点	训练方式	地点	考核评价	学时
1	结构施工图的基本内容	能掌握结构施工图的基本内容	结构施工图的基本内容,结构设计总说明、基础、梁、柱、板平法施工图	讲授,阅读施工图纸	多媒体教室	提问,识图	4
2	结构施工图的图示方法	能够掌握结构施工图的图示方法	平法施工图的一般规定	讲授,阅读施工图纸	多媒体教室	提问,识图	4
3	钢筋混凝土房屋结构施工图	具备正确识读钢筋混凝土房屋结构施工图的能力	基础、梁、柱、板、剪力墙、楼梯平法施工图和结构构造规定	讲授,阅读施工图纸	多媒体教室	提问,识图	20
4	砌体房屋结构施工图	具备正确识读砌体房屋结构施工图的能力	砌体房屋结构施工图和构造规定	讲授,阅读施工图纸	多媒体教室	提问,识图	10
5	钢结构施工图	具备正确识读钢结构施工图的能力	钢结构施工图和构造规定	讲授,阅读施工图纸	多媒体教室	提问,识图	10
6	结构施工图绘制实训	能够按照平法制图的规定正确绘制结构施工图	平法的一般规定和构造要求	绘制施工图实训	制图室	提交图纸	6
7	钢筋混凝土结构施工图识读和钢筋算量实训	能够正确识读钢筋混凝土结构施工图并能够根据图纸列出钢筋表	平法的一般规定和钢筋混凝土结构的构造要求	识读钢筋混凝土结构施工图,抽算钢筋	实训中心	提交抽算钢筋表	6

4 实施建议

4.1 教学建议

内容组织遵循学生职业能力培养的基本规律,以强化培养学生的职业能力为目标,坚持理论与实践相结合,转变课程教学模式,理论以“必需、够用”为度,实践教学从校内实训基地的实做、实训教学入手，做到"学中做、做中学，做中教、看中学"，实现"教、学、做"一体化。逐步形成了以职业能力培养为核心的理论与实践相融合、工学交替的教学内容体系。

探索为岗位所需的能力为培养目标的教学方法，加强基本技能的训练，每一个单元的实施要采取实际结构施工图进行案例教学，其中单项能力训练采用能力训练任务引入、深化、训练、巩固、总结、归纳、作业布置与要求等为主要教学环节的教学法。本课程开课前，任课教师要根据课程教学大纲要求，结合所选用的教材，认真备课，编制授课计划，并在认真消化教材的基础上写好授课讲稿和教案，授课计划应在开课后一周内提交教研室。相同教学内容班级的授课计划要保持同步。在授课计划中，每个阶段都要安排习题课或课堂练习。

本课程每次课安排 2 个学时，加强与学生之间的信息交流，并总结归纳学生在学习中存在的问题，不断改进和调整教学节奏与教学方法。教师对学生每次的作业完成情况要认真进行记录，作为学生平时成绩的构成部分。

教师在上课时，要做好教书育人，注意维持好课堂秩序，对不认真学习和违反教学纪律的学生要及时地进行批评教育。教师要利用课外的时间到学生中去进行辅导答疑，要求每周安排一次。

4.2 考核评价建议

采用过程评价，阶段评价与目标评价相结合的评价体系。同时注重学生实做能力和分析问题、解决问题能力的考核，对在学习和应用上有创新的学生应予以特别鼓励，全面评价学生能力。

过程评价建议占权重 30%，阶段评价占权重 20%，目标评价占权重 50%。主要从技能、知识、成果、协作、纪律、态度、沟通等方面，对学生进行考核。根据学生的作业、学习日志、实训总结等，对学生职业素质和知识、技能全面考核，特别是学生分析问题和解决问题的思路和技巧及工作态度。由专职教师、学生和来自企业兼职教师，进行多方评价。

4.3 教材编写建议

以项目为载体开发基于工作过程的教材，将典型案例的施工图纸融入教材，教学内容分为项目内容和拓展内容。项目内容保证基于工作过程的项目所需知识，拓展内容保证结构施工图识读相关知识和技能的系统性，并为学生可持续发展奠定良好的基础。

4.4 实验实训设备配置建议

针对课程培养的岗位能力要求，校内建设制图中心、建筑设计工作室、建筑设计院建筑模型制作室和建筑公司，打造真实的教学情境。

4.5 课程资源开发与利用建议

开发课程多媒体教学课件辅助教学，购买十套以上国家建筑标准设计图集《混凝土结构施工图平面整体表示方法制图规则和构造详图》（03G101-1、03G101-2、04G101-3）供学生和老师教学过程中分组查阅。复印典型的实际工程结构施工图用来实训和案例教学。创建教师和学生实用的网络环境，拓宽教与学的时间和空间。

开通专业资料网站，老师备课可以及时查阅，提高教学水平。完备相关规范规程等设计资料图书，方便学生和老师查阅。

《建筑定额与概预算》课程标准

【课程编码】

01010147

【课程类别】

专业特色课程

【学　　时】

60

【适用专业】

工程造价(公路工程)专业

1　概述

1.1　课程性质

《建筑定额与概预算》是讲述建筑工程定额及建筑产品的定价原理、依据和方法的一门课程。本课程是工程造价专业的必修课程,是一门专业技能课。本课程主要学习建筑工程计量与计价的基本原理,建筑工程计量与计价和工程预算的编制方法。

《建筑定额与概预算》属于工程实用课程,是土木工程专业的专业课。建筑工程概预算贯穿于工程项目建设的全过程,认真开展技术经济分析与概预算工作,是合理筹措、节约和控制工程投资,提高项目投资效率的重要手段和必然选择,所以建筑工程概预算是工程技术人员和造价、管理人员的必备知识。

1.2　课程基本理念

《建筑定额与概预算》是实践性和综合性很强的专业课,都是以培养适应生产、建设、管理、服务第一线需要的高等技术应用性人才为目标。学生通过本课程学习,具备定额原理的基本知识,掌握正确计算建筑工程造价的程序和方法;可综合以前专业课程知识编写施工图预算,学会编制工程概预算的方法和技巧,直接为生产服务,指导生产和控制生产。

在学习本课程之前,学生必须完成建筑构造、建筑结构、钢筋砌体结构、建筑施工技术等专业课学习,同时应具有初步的建筑设计基础知识,并有较强的建筑工程识图能力。

1.3　课程设计思路

在课程体系和教学内容的组织上遵循“厚基础、宽口径、重素质”的教育思想,坚持理论联系实际和注重学生能力的培养,不断更新和优化教学内容,在教学方法上强化基本理论的讲授和学生学习方法的指导,在教学手段上,采取传统教学与多媒体教学有机结合的方式。

通过对建筑工程定额及预结算的讲授,在掌握理论知识的前提下,以提高学生职业能力和职业素养为目标,重视实践教学。在教学过程中,通过对预结算实例的实际讲解、分析,剖析文件的各组成部分及计算方法,使学生掌握预算的基本内容及造价管理的重心。

2 课程目标

2.1 总目标

通过本课程的学习,学生除了掌握工程造价管理概论、定额原理等理论知识外,还应培养其对工程量计量,工程造价的费用构成与计算、工程结算等实践知识的掌握及其应用能力。

2.2 具体目标

(1)了解基本建设程序,掌握建设项目划分、建设工程概预算分类预算与基本建设的关系。

(2)掌握建筑工程概预算定额的基本原理及应用。

(3)掌握建筑安装工程价格的构成,了解费用标准。

(4)掌握建筑工程量的计算规则。

(5)掌握建筑工程施工图预算的编制程序和方法。

(6)熟悉建筑工程施工预算的编制程序和方法

(7)熟悉工程结算的内容和任务。

(8)掌握工程量清单计价原理。

3 内容标准

3.1 教学目标

(1)掌握建设项目划分,建设工程概预算分类与基本建设的关系。

(2)掌握建筑工程概预算定额的基本原理及应用。

(3)掌握建筑工程量的计算规则。

(4)掌握建筑工程施工图预算的编制程序和方法。

(5)掌握工程结算。

(6)掌握工程量清单计价原理。

3.2 活动安排

(1)建筑工程预算概述(2 学时)

教学内容:建设项目及建设项目的组成,建设程序及与之相对应的建筑工程预算的分类。

(2)建筑工程定额(2 学时)

教学内容:建筑工程定额的分类,施工定额的编制及应用,劳动消耗定额、机械台班消耗定额、材料消耗定额,预算定额的编制、消耗量的确定及使用方法。

(3)建筑工程量计算(30 学时)

教学内容:建筑面积、土石方工程、脚手架工程、砌筑工程、混凝土及钢筋混凝土工程、门窗工程、楼地面工程、屋面及防水工程、防腐、保温、隔热工程、装饰工程、金属结构工程、建筑工程垂直运输定额、建筑物超高增加人工、机械定额。

(4)建设工程费构成(2 学时)

教学内容:建筑安装工程费用的组成和计算方法,建筑工程计价程序。

(5)施工图预算(2 学时)

教学内容:施工图预算的编制方法及审核。

(6)施工预算(2 学时)

教学内容:施工预算的编制。

(7)工程结算(2学时)

教学内容:工程结算及工程备料款。

(8)工程量清单计价原理(2学时)

教学内容:工程量清单及工程量清单计价的原理,工程量清单文件的编制。

(9)实践活动(16学时)

教学内容:根据一套完整的施工图纸计算建筑工程工程量。

3.3 考核评价

课程考核采用闭卷考试。

3.4 知识要点

建筑工程费用的构成,建筑工程定额的原理及应用,建筑工程量的计算,施工图预算的编制,工程量清单计价原理。

3.5 技能要点

(1)能进行工程预算、结算、决算或编制标底。

(2)能进行工程造价的控制和管理。

(3)掌握建筑概预算综合管理的内容,在校期间达到初级预算员水平管理能力。

4 实施建议

4.1 教学建议

(1)增加学生应用定额的能力。

(2)锻炼学生实际动手能力,端正学生积极参与的态度。

4.2 考核评价建议

本课程的评价主要是采用理论评价与实践评价相结合的模式,结合课堂提问、课后作业、实际训练等手段,注重平时的评分汇集。

4.3 教材编写建议

如果编写教材,那么必须依据本课程标准编写教材。教材的编写内容要充足,充分体现项目课程设计思想,以理论知识够用为度、注重实践能力的培养。教材编写还要注意课程相重复的内容,并要及时对教材内容进行更新。

如果是选用教材,那么选用的教材一定要符合高职高专教学的要求,且能够科学、合理地安排教材内容,帮助学生不断提高综合素质与职业能力。

4.4 实验实训设备配置建议

应购买建筑工程预算定额,便于学生熟悉定额以及熟练地使用定额。

4.5 课程资源开发与利用建议

(1)将《工程概预算》、《施工组织》、《施工技术》及《工程招投标与合同管理》组成一个教学模块,将学生所学零散的基础及专业知识,整合成系统性、连贯性的知识。

(2)开阔学生思路,培养学生理论联系实际,具备独立完成一个实际工程的预算文件的编写能力。

(3)使学生具备工程造价管理的能力,具备参与各项造价控制的能力,具备完成工程招投标的能力,具备施工造价控制的能力,具备工程结算的能力。

(4)通过实践训练,锻炼独立进行造价计算的能力,为学生毕业就业奠定基础。

《公路计量与支付》课程标准

【课程编码】

01030164

【课程类别】

专业核心课程

【学　　时】

60

【适用专业】

工程造价(公路工程)专业

1　概述

1.1　课程的性质

该课程是工程造价专业的一门专业核心课程,是在多年教学改革的基础上,通过对公路工程造价相关职业工作岗位进行充分的调研和分析,借鉴先进的课程开发理念和基于工作过程的课程开发理论,进行重点建设与实施的学习领域课程。目标是让学生掌握工程量清单的组成、清单计量规则和支付程序,重点培养学生在工程量清单模式下进行计量与支付的能力。它以《公路概论》课程的学习为基础,也是进一步学习《公路工程造价》等课程的基础。

1.2　课程设计理念

(1)该课程总体设计思路打破了以知识传授为主要特征的传统学科课程模式,转变为基于工作过程的教学模式,以清单模式下计量与支付的工作任务为对象,组织学生通过完成这些工作任务来学习相关的知识、培养相应的职业能力。课程内容突出对学生职业能力的训练,相关理论知识均与所要完成的工作任务有密切联系,并充分考虑了高等职业教育对理论知识学习的需要,融合相关职业资格证书对知识、技能和态度的要求。课程的教学过程要通过校企合作,校内实训基地建设等多种途径,采取工学结合等形式,充分开发学习资源,给学生提供丰富的实践机会。教学效果评价采取过程评价与结果评价相结合的方式,通过理论与实践相结合,重点评价学生的职业能力。

(2)该门课程的总学时为60学时。该课程标准以基于工作过程的课程开发理念为指导,以职业能力培养和职业素养养成为重点,根据技术领域和职业岗位(群)的任职要求,以清单模式下计量与支付为典型工作过程,以来源于企业的实际案例为载体,以理实一体化的教学实训室为工作与学习场所,对课程内容进行优化。通过教学模式的设计、教学方法的设计、教学手段的灵活运用、教学目标的开放性设计、教学考核方法的改革等,保证了学生专业能力、方法能力和社会能力的全面培养。

1.3　课程开发思路

根据高职教育的特点,按照学院"小学校、大课堂"的办学思路和"校企融合、同兴共赢"的办学模式,积极探索"校企合作、工学结合"的人才培养模式,积极探索以实践能力考核为主的课程评价方法,切实提高学生的职业能力和就业竞争力,具体措施体现在以下几个方面。

(1)基于典型工作过程分析,构建课程体系。

(2)以职业能力培养为核心,设计教学内容。

(3)以提高学生职业能力和职业素养为目标,重视实践教学。

(4)融合职业资格标准,推行双证书制。

(5)校企合作,共建新型实践教学基地。

(6)校企合作,形成实践技能课主要由企业兼职教师讲授的机制。

2 课程目标

本课程的培养目标是公路工程造价管理人员,主要培养完成计量与支付管理工作的人员,其核心能力为熟悉公路工程量清单的组成、并在此模式下掌握工程量的计量规则和支付流程、熟练从事工程计量与支付工作的能力。这就要求学生首先掌握公路工程工程量清单的基本知识,然后掌握工程量计量规则及支付流程,并通过实训学会灵活应用所学知识,为后续课程的学习,为将来走上社会从事公路工程计量与支付管理工作,打下坚实的基础。

2.1 知识目标

(1)掌握公路工程工程量清单的含义、作用及特点。

(2)掌握公路工程计量与支付的概念、作用及程序。

(3)掌握公路工程计量支付报表及台账:组成、编写及编写案例。

(4)掌握公路工程工程量清单各章工作内容、支付子目及计算规则、清单的编制与编制案例展示、清单外工程量的计算与确定。

2.2 素质目标

(1)培养良好的思想品德、心理素质。

(2)培养良好的职业道德,包括爱岗敬业、诚实守信、遵守相关的法律法规等。

(3)培养良好的团队协作、协调人际关系的能力。

(4)培养对新知识、新技能的学习能力与创新能力。

2.3 能力目标

(1)能理解公路工程工程量清单的含义、作用及特点。

(2)能掌握工程量清单模式下计量规则及支付流程。

(3)能编制公路工程工程量清单计量报表及台账。

(4)能编制公路工程工程量清单支付报表及台账。

3 课程内容和要求

根据专业课程目标和涵盖的工作任务要求,确定课程内容和要求(见表2-16),说明学生应获得的知识、技能与态度。

课程内容和要求　　表2-16

学习情境	工作任务	知识要求	技能要求	学时安排
1.计量支付概念	工程量清单的基本组成; 计量概念; 支付概念	掌握工程量清单的基本组成; 掌握工程计量的基本概念; 掌握工程支付的基本概念	熟悉工程量清单的章节组成及编码规则; 了解工程计量与支付的基本概念	10

续上表

学习情境	工作任务	知识要求	技能要求	学时安排	
2. 清单100章	2.1 第100章工作内容	掌握清单100章工作内容，有保险费、工程管理、临时工程与设施、承包人驻地建设等几个方面	能够根据具体工程内容编制工程量清单	2	6
	2.2 第100章工程、支付子目及计算规则	掌握清单100章保险费、工程管理、临时工程与设施、承包人驻地建设的支付子目编码方法及工程量计算规则	熟练编制清单子目； 熟悉各子目工程量计量规则	4	
3. 清单200章	3.1 第200章工作内容	掌握清单200章工作内容，有场地清理、挖方、填方、特殊路基处理等15项工作内容	能够根据具体工程内容编制工程量清单	4	10
	3.2 第200章工程、支付子目及计算规则	掌握清单200章场地清理、挖方、填方、特殊路基处理等15项工作内容的支付子目编码方法及工程量计算规则	熟练编制清单子目； 熟悉各子目工程量计量规则	6	
4. 清单300章	4.1 第300章工作内容	掌握清单300章工作内容，有路面垫层、路面基层等14项工作内容	能够根据具体工程内容编制工程量清单	4	10
	4.2 第300章工程、支付子目及计算规则	掌握清单300章路面垫层、路面基层等14项工作内容的支付子目编码方法及工程量计算规则	熟练编制清单子目； 熟悉各子目工程量计量规则	6	
5. 清单400章	5.1 第400章工作内容	掌握清单400章工作内容，有检测、钢筋、基础挖方及回填、钻孔灌注桩等22项工作内容	能够根据具体工程内容编制工程量清单	4	10
	5.2 第400章工程、支付子目及计算规则	掌握清单400章检测、钢筋、基础挖方及回填、钻孔灌注桩等22项工作内容的支付子目编码方法及工程量计算规则	熟练编制清单子目； 熟悉各子目工程量计量规则	6	
6. 清单500章	6.1 第500章工作内容	掌握清单500章工作内容，有洞口与明洞工程、洞身开挖、洞身衬砌等13项工作内容	能够根据具体工程内容编制工程量清单	2	6
	6.2 第500章工程、支付子目及计算规则	掌握清单500章洞口与明洞工程、洞身开挖、洞身衬砌等13项工作内容的支付子目编码方法及工程量计算规则	熟练编制清单子目； 熟悉各子目工程量计量规则	4	

续上表

学习情境	工作任务	知识要求	技能要求	学时安排	
7. 清单 600 章	7.1 第 600 章工作内容	掌握清单 600 章工作内容，有护栏、隔离栅及防护网、道路交通标志、标线等 10 项工作内容	能够根据具体工程内容编制工程量清单	2	4
	7.2 第 600 章工程、支付子目及计算规则	掌握清单 600 章护栏、隔离栅及防护网、道路交通标志、标线等 10 项工作内容的支付子目编码方法及工程量计算规则	熟练编制清单子目； 熟悉各子目工程量计量规则	2	
8. 清单 700 章	8.1 第 700 章工作内容	掌握清单 700 章工作内容，有铺设表土、撒播草种及铺植草皮等 6 项工作内容	能够根据具体工程内容编制工程量清单	2	4
	8.2 第 700 章工程、支付子目及计算规则	掌握清单 700 章铺设表土、撒播草种及铺植草皮等 6 项工作内容的支付子目编码方法及工程量计算规则	熟练编制清单子目； 熟悉各子目工程量计量规则	2	
合计					60

4 课程实施和建议

4.1 课程的重点、难点及解决办法

本课程是公路工程造价专业的专业核心课程，重点是培养学生从事公路工程清单模式下计量与支付的能力。

本课程的教学难点是如何编写接近企业实际运作的情境案例并进行教学实施、如何寻找企业与学校合作，为学生提供实践练习的工作岗位。

解决办法是通过多种渠道加强与公路施工相关企业的沟通与合作，与企业合作建立校外实训基地，为学生实训提供条件；多种教学方法灵活运用，再配以课外作业等形式激发学生的学习动力，增强学生的学习兴趣，提高教学效果；不断完善现有的校内实训基地，增强软硬件的投资建设，增强学生的动手操作能力以及对企业更深层次的认识能力；建设和完善课程的网络资源，为学生的学习提供多种渠道的便利条件；加强任课教师实践能力的培养，增强其教学能力等。

4.2 教学方法和教学手段

(1)教学方法

本课程主要采用案例分析法、情境模拟法、课外实践法等多种教学方法。

情境模拟法：主要应用在公路计量与支付的教学中，教师创造适合的教学环境，让学生分组扮演不同的情境角色来模拟计量与支付过程。可以利用工程造价实训基地来完成计量与支付的情境模拟练习。

课外实践法：让学生深入公路工程施工一线顶岗实习，学习清单各章计量规则与支付流程。

案例分析法：此方法贯穿了整个教学的全过程，每一部分的知识都有相关案例与之配套，有的是通过案例分析引入所学知识，有的是教学过程中不断引入的相对应的案例，通过案例能够让学生更深刻地理解所学知识。

主题讨论法:不定期地选择施工现场典型案例的主题内容组织学生进行讨论,通过教师引导,激发学生的学习欲望和热情,引导学生独立思考问题,学会搜集相关信息资料,在小组内讨论,并总结讨论结果在课堂上大胆发言。此过程中一定注意教师的身份,以学生为主,教师只是引导者。通过主题讨论法,可以增强学生对知识的记忆与理解,从而达到教学目的。

多种教学方法的灵活应用,能够大大激发学生的学习热情,从而增强该门课程的教学效果。

(2)教学手段

多媒体教学:课堂教学以多媒体电子课件(PPT 电子教案)为主,配合使用黑板板书。充分利用多媒体的优势,用电子课件制作大量内容丰富的教案,再配以案例、习题等内容,以取得较好的教学效果。

网络教学:利用多媒体一体化教室、校园网等资源优势,构建本课程的教学网站,通过网络提供丰富的教学资源,包括教学大纲、教学实施计划、电子教案、PPT 课件、习题及答案、试卷、实习计划、案例、论文等。学生可以利用课下时间自主学习,开阔视野。

4.3 教学评价

本课程的评价主要是阶段评价与最终评价相结合、理论评价与实践评价相结合的模式,突出过程与模块评价,结合课堂提问、操作技能、课后作业等手段,实践性考核比重大些,但要注重平时的评分汇集。平时的评分内容包括对职业道德、学习能力、团队协作精神、沟通交际能力、写作能力、语言表达能力、知识的运用和掌握能力等方面的考核。建议在教学中分任务模块评分,在课程结束时进行综合模块考核,或者利用答辩的形式考查学生对所学知识的理解与掌握程度。这样多元化的评价体系得出的结果能够体现出本门课程的特殊性以及对学生的公平与公正。

4.4 教案编写建议

教案是教师依据课程标准的要求,结合个人教学实践和学生的认知水平设计、编写的教学实施方案,教案的编写应充分体现“以学生为主体”的理念,以利于教学的组织和围绕学生知识的学习以及职业能力的培养开展教学。

一般包括以下几项:

(1)教学内容及教学组织;

(2)教学方法的选择;

(3)学习情境设计;

(4)课后作业与课外学习。

4.5 教材编写

如果编写教材,那么必须依据本课程标准编写教材。教材的编写要充分体现项目课程设计思想,以项目为载体实施教学,项目选取要科学、符合该门课程的工作逻辑,能形成系列,让学生在完成项目的过程中逐步提高职业能力,同时要考虑可操作性。教材内容要反映新形势下的公路工程施工与计量的内容,要与企业合作开发,让企业具有丰富实践经验的人员参与进来,同时还要结合高职高专工程造价专业教学的基本情况,以理论知识够用为度、注重实践能力的培养。

如果是选用教材,那么选用的教材一定要符合高职高专教学的要求,且为项目型教材,能够科学、合理地安排教材内容,帮助学生不断提高综合素质与职业能力。

《公路施工技术》课程标准

【课程编码】

01010029

【课程类别】

专业核心课程

【学　　时】

48

【适用专业】

工程造价(公路工程)专业

1　概述

1.1　课程的性质

该课程是工程造价专业的一门专业核心课程,是在多年教学改革的基础上,通过对公路施工相关职业工作岗位进行充分的调研和分析,借鉴先进的课程开发理念和基于工作过程的课程开发理论,进行重点建设与实施的学习领域课程。通过该课程的学习,使学生掌握公路工程施工放样技术、公路路基路面、构造物及小桥涵工程的施工技术,培养学生既能掌握各种施工工艺、施工方法和施工技术,能熟练从事公路工程施工,又能运用所学知识分析有关工程现象从而指导施工的能力,并获得相应职业资格认证,是本专业人才培养目标实现的保障。它以《工程测量》、《道路建筑材料》、《公路概论》、《公路设计》等课程的学习为基础,也是进一步学习《公路工程管理》、《公路工程招投标与合同管理》等课程的基础。

1.2　课程设计理念

(1)本课程设计理念是根据本专业培养目标和定位,以真实的工程项目为依据,设置本专业工作岗位(群),以工作岗位定出具体工作任务,设置技能点和知识点,以职业技能培养为主线、以工学结合为主进行《公路施工技术》课程设计,以突出专业课程职业能力的培养。

(2)该门课程的总学时为48学时。以基于工作过程的课程开发理念为指导,以职业能力培养和职业素养养成为重点,根据技术领域和职业岗位(群)的任职要求,融合职业资格标准,以路基路面施工为典型工作过程,以来源于企业的实际案例为载体,以理实一体化的教学实训室为工作与学习场所,对课程内容进行序化。通过教学模式的设计、教学方法的设计、教学手段的灵活运用、教学目标的开放性设计、教学考核方法的改革等,保证了学生专业能力、方法能力和社会能力的全面培养。

1.3　课程开发思路

根据高职教育的特点,按照学院"小学校、大课堂"的办学思路和"校企融合、同兴共赢"的办学模式,积极探索"校企合作、工学结合"的人才培养模式,积极探索以实践能力考核为主的课程评价方法,切实提高学生的职业能力和就业竞争力,具体措施体现在以下几个方面。

(1)基于典型工作过程分析,构建课程体系。

(2)以职业能力培养为核心,设计教学内容。

(3)以提高学生职业能力和职业素养为目标,重视实践教学。

(4)融合职业资格标准,推行双证书制。

(5)校企合作,共建新型实践教学基地。

(6)校企合作,形成实践技能课主要由企业兼职教师讲授的机制。

2 课程目标

本课程的培养目标是公路施工管理人员,主要培养就业岗位为公路施工技术员,其核心能力为公路放样、路基路面施工能力。这就要求学生首先掌握公路放样以及路基路面施工的基本知识,然后通过实训学会灵活应用所学知识,为后续课程的学习,为将来走上社会从事公路施工管理工作,打下坚实的基础。

2.1 知识目标

(1)掌握公路施工放样的基本知识和方法。

(2)掌握路基施工的基本知识和方法。

(3)熟悉湿软地基处理的方法。

(4)熟悉常见路基病害产生的原因及防治方法。

(5)掌握路面基层、垫层、面层施工的基本知识和方法。

(6)熟悉常见路面病害产生的原因及防治方法。

2.2 能力目标

(1)能看懂施工图设计文件。

(2)能进行公路中线、路基路面的放样。

(3)能根据施工规范指导施工,并能对简单的施工设备进行选型与配套。

(4)能根据《公路工程质量检验评定标准(土建工程)》(JTG F80/1—2004)、《公路工程质量检验评定标准(机电工程)》(JTG F80/2—2004),对路基路面工程的主要项目进行检验和评定。

(5)会做常规的施工资料。

(6)能描述路基路面常见的病害,并能指导施工。

2.3 素质目标

(1)培养良好的思想品德、心理素质。

(2)培养良好的职业道德,包括爱岗敬业、诚实守信、遵守相关的法律法规等。

(3)培养良好的团队协作、协调人际关系的能力。

(4)培养对新知识、新技能的学习能力与创新能力。

3 课程内容和要求

根据专业课程目标和涵盖的工作任务要求,确定课程内容和要求(见表2-17),说明学生应获得的知识、技能与态度。

课程内容和要求　　表2-17

学习情境	工作任务	知识要求	技能要求	学时安排
1. 施工放样	1.1 复测 1.2 施工放样	掌握施工放样的基本方法； 掌握控制点复测的方法； 掌握路线中线放样的方法； 掌握路基路面横断面的施工放样方法	能看懂施工图设计文件； 能够根据施工图纸进行点位高程、坐标计算； 能进行公路中线、路基路面的放样	12
2. 路基施工	2.1 路堤填筑施工 2.2 湿软地基处理 2.3 路堑开挖 2.4 防护与支挡工程施工 2.5 路基病害处治	掌握路堤填筑施工工艺流程和控制要点； 熟悉湿软地基处理的常用方法； 掌握路堑开挖施工工艺流程和控制要点； 掌握防护与支挡工程施工控制要点； 熟悉常见路基病害产生的原因及防治方法	能够按照施工图纸合理安排路基填挖、防护支挡工程施工； 能够进行土石方调配； 能够进行现场的机械、人员调配； 能够对常见的路基病害进行处治； 能够对湿软地基进行处理； 能够对路基工程质量进行检验、评定； 能够整理施工资料	16
3. 路面施工	3.1 路面基层(底基层)施工 3.2 路面垫层施工 3.3 路面面层施工 3.4 路面病害处治	掌握路面基层(底基层)施工工艺和控制要点； 熟悉常见路面垫层的种类； 掌握沥青混凝土以及水泥混凝土施工工艺和控制要点； 熟悉常见路面病害产生的原因及防治方法	能够按照施工图纸合理安排路面垫层、底基层、基层、面层施工； 能够进行半刚性基层材料、沥青混凝土混合料、水泥混凝土配比试验； 能够进行现场的机械、人员调配； 能够对常见的路面病害进行处治； 能够对路面工程质量进行检验、评定； 能够整理施工资料	20
合计				48

4 课程实施和建议

4.1 课程的重点、难点及解决办法

(1)课程重点

①路线定位放样。

②路基路面施工的材料要求、施工程序及质量控制、施工组织管理、施工工艺及施工注意事项、路基路面工程检验与评定。

(2)课程难点

①路线定位放样中用导线控制点放样公路中线。

②路基路面施工的材料要求、质量控制、施工组织管理。

(3)解决办法

①对路线定位放样，采用案例教学法，引用具体工程设计图纸，进行实地放样实训，做到实践教学中与工程设计文件的“零距离”接触。

②对路基路面施工的材料要求、施工程序及质量控制、施工组织管理、施工工艺及施工注意事项、路基路面工程检验与评定，采用案例教学、任务驱动、参观实习和工学交替的教学模式，提高学习的兴趣和学习效果。

4.2 教学方法和教学手段

(1)教学方法

①讨论式教学：在教学过程中，对于比较简单、学生已经学过的内容，如施工放样、路基填筑与开挖、施工准备等，可安排学生自己预习，然后由学生自己向同学们讲解。讲解后大家一起讨论、分析，通过讨论式教学提高学生学习的兴趣，活跃课堂气氛，培养了自学的能力，实施效果良好。

②案例式教学：对于实践性较强的内容，如路基路面病害处理、施工质量控制等，针对所有学生，通过具体工程实例，分析病害成因及采取的措施、工程质量控制的程序和方法，使学生比较直观、具体地认识和理解所学知识，实施效果良好。

③任务驱动教学：在实践教学中，我们积极探索项目任务驱动的教学方法，针对所有学生，让学生带着具体任务，进行试验、实训，强调学生职业道德和实践工作能力的培养，实施效果良好。

④产学结合教学法：对于职业技能培养，依据校内实训基地，结合具体生产任务，针对所有学生，对学生进行职业技能强化和提高，让学生自己动手完成具体工程的施工、检测或施工组织，并组织教师进行评价，强调学生独立思考和创新能力的培养，实施效果良好。

⑤教学与职业资格认证相结合：将教学内容与职业资格认证相结合，通过对学生职业资格考试内容的讲授与实训，组织学生参加职业资格认证考试，获得职业资格证书，强调学生职业资格技能的培养，增强了就业竞争力，实施效果良好，本专业学生100%拥有单项职业资格认证。

(2)教学手段

①精心编制电子教案、采用多媒体教学。

精心编写多媒体课件，精心组织演示内容，做到图文并茂，提纲挈领。增强了授课内容的趣味性和直观性，扩充了授课内容，便于学生理解和自学，也便于老师的讲授。对于具体施工工艺等实践性强的内容，通过动画和视频演示来增加学生的兴趣。

②充分利用网络资源。

充分利用校园网，利用网上资源。本课程是一门实践性很强而且广泛应用的技术，为了说明具体施工方法在实际中的应用，实时展示网上资源就显得非常重要。将讲述的相关知识通过网络资源来说明和解释，学生就不觉得枯燥和乏味。

③教学内容全部上网。

利用网络平台，将本课程的教学大纲、教案、课件、习题、实习实训指导书、教学录像等内容全部上网，并向学生免费开放。

4.3 教学评价

本课程的评价主要是采用阶段评价与最终评价相结合、理论评价与实践评价相结合的模式，突出过程与模块评价，结合课堂提问、操作技能、课后作业等手段，实践性考核比重大些，但要注重平时的评分汇集。平时的评分内容包括对职业道德、学习能力、团队协作精神、沟通交际能力、写作能力、语言表达能力、知识的运用和掌握能力等方面的考核。建议在教学中分任务模块评分，在课程结束时进行综合模块考核，或者利用答辩的形式考查学生对所学知识的理解与掌握程度。这样多元化的评价体系得出的结果能够体现出本门课程的特殊性以及对学生的公平与公正。教学评价表见表2-18。

教学评价表　　表2-18

学习情境	工作任务	评价目标	评价方式	评价比重（%）
1. 施工放样	1.1 复测 1.2 施工放样	能看懂施工图设计文件； 能够根据施工图纸进行点位高程、坐标计算； 能进行公路中线、路基路面的放样	过程性评价：提问、案例分析、实训、课后作业； 总结性评价：卷考——判断题、选择题等	20
2. 路基施工	2.1 路堤填筑施工 2.2 湿软地基处理 2.3 路堑开挖 2.4 防护与支挡工程施工 2.5 路基病害处治	能够按照施工图纸合理安排路基填挖、防护支挡工程施工； 能够进行土石方调配； 能够进行现场的机械、人员调配； 能够对常见的路基病害进行处治； 能够对湿软地基进行处理； 能够对路基工程质量进行检验、评定； 能够整理施工资料	过程性评价：提问、案例分析、实训、课后作业； 总结性评价：卷考——判断题、选择题等	40
3. 路面施工	3.1 路面基层（底基层）施工 3.2 路面垫层施工 3.3 路面面层施工 3.4 路面病害处治	能够按照施工图纸合理安排路面垫层、底基层、基层、面层施工； 能够进行半刚性基层材料、沥青混凝土混合料、水泥混凝土配比试验； 能够进行现场的机械、人员调配； 能够对常见的路面病害进行处治； 能够对路面工程质量进行检验、评定； 能够整理施工资料	过程性评价：提问、案例分析、实训、课后作业； 总结性评价：卷考——判断题、选择题等	40
合计				100

说明：每个模块的考核主要考察学生的出勤情况，实际动手能力，理论知识的运用与掌握情况，完成作业的准确度、完整度、规范度等，分析问题、解决问题的能力，合作沟通能力，学习态度，总结报告（报告的内容、态度、写作水平等）等评定项目。

4.4 教案编写建议

教案是教师依据课程标准的要求，结合个人教学实践和学生的认知水平设计、编写的教学实施方案，教案的编写应充分体现“以学生为主体”的理念，以利于组织和围绕学生知识的学习以及职业能力的培养开展教学。

一般包括以下几项：

①教学内容及教学组织；

②教学方法的选择；

③学习情境设计；

④课后作业与课外学习。

4.5 教材编写

如果编写教材,那么必须依据本课程标准编写教材。教材的编写要充分体现项目课程设计思想,以项目为载体实施教学,项目选取要科学、符合该门课程的工作逻辑、能形成系列,让学生在完成项目的过程中逐步提高职业能力,同时要考虑可操作性。教材要包括公路工程施工放样技术、路基路面工程施工技术和施工管理方面的内容,涉及材料、结构、施工工艺、施工组织管理及工程检验与评定等具体内容,突出高等职业教育是培养职业技术应用型人才的职业教育理念,更加适应市场对人才的需求。

如果是选用教材,那么选用的教材一定要符合高职高专教学的要求,且为项目型教材,能够科学、合理地安排教材内容,帮助学生不断提高综合素质与职业能力。

《结构设计原理》课程标准

【课程编码】

01020028

【课程类别】

专业特色课程

【学　　时】

48

【适用专业】

工程造价(公路工程)专业

1　概述

1.1　课程的性质

该课程是工程造价专业的一门专业技能课程,在《高等数学》等课程的学习基础上通过本课程的学习,要求了解常用建筑构件如受弯、受压构件的配筋计算和承载力计算方法,掌握结构构件的构造要求,为学习《公路施工与计量》和《工程成本控制》等专业课打下基础,培养学生自主运算的能力。

1.2　课程设计理念

(1)该课程是依据"公路工程造价专业课程设置及教学安排表"中的"专业核心课"模块设置的。其总体设计思路是,培养学生基本的结构配筋和复核运算能力,以相近的工程背景为学习工作任务,组织学生通过完成这些工作任务来学习相关的知识、培养相应的职业能力。课程内容突出对学生职业能力的训练,相关理论知识均与所要完成的工作任务有密切联系,并充分考虑了高等职业教育对理论知识学习的需要,融合相关职业资格证书对知识、技能和态度的要求。课程的教学过程要通过校企合作,校内实训基地建设等多种途径,采取工学结合等形式,充分开发学习资源,给学生提供丰富的实践机会。教学效果评价采取过程评价与结果评价相结合的方式,通过理论与实践相结合,重点评价学生的职业能力。

(2)该门课程的总学时为48学时。以基于工作过程的课程开发理念为指导,以职业能力培养和职业素养养成为重点,根据技术领域和职业岗位(群)的任职要求,融合职业资格标准,以来源于企业的实际算例为载体,主要以学校为工作和学习的场所,对课程内容进行序化。通过教学模式的设计、教学方法的设计、教学手段的灵活运用、教学目标的开放性设计、教学考核方法的改革等,保证学生专业能力、方法能力和社会能力的全面培养。

1.3　课程开发思路

根据高职教育的特点,按照学院"小学校、大课堂"的办学思路和"校企融合、同兴共赢"的办学模式,积极探索"校企合作、工学结合"的人才培养模式,积极探索以实践能力考核为主的课程评价方法,切实提高学生的职业能力和就业竞争力,具体措施体现在以下几个方面。

(1)基于典型工作过程分析,构建课程体系。

(2)以职业能力培养为核心,设计教学内容。

(3)以提高学生职业能力和职业素养为目标,重视实践教学。

(4)校企合作,共建新型实践教学基地。

(5)校企合作,形成实践软件教学主要由企业聘请兼职教师讲授的机制。

2 课程目标

本课程的培养目标是培养基层技术专门人才,主要培养就业岗位为造价员,其核心能力为清楚公路工程结构构造形式,能够进行简单结构的理论计算。这就要求学生首先掌握结构设计原理的基础知识,然后通过实训学会灵活应用所学知识,为后续课程的学习,为将来走上社会从事技术管理工作,打下坚实的基础。

2.1 知识目标

(1)掌握钢筋混凝土的基本概念及材料的物理力学性能。

(2)掌握结构按极限状态法设计的原则。

(3)掌握钢筋混凝土受弯构件正截面和斜截面的强度计算。

(4)熟悉受弯构件进行正常使用阶段和施工阶段的应力、变形、裂缝验算,理解梁桥上部构造钢筋的作用。

(5)掌握轴心受压和偏心受压构件的强度计算。

(6)掌握预应力混凝土受弯构件的设计与计算。

(7)掌握砖、石及混凝土等圬工结构的基本概念和基本计算原理。

2.2 素质目标

(1)培养良好的思想品德、心理素质。

(2)培养良好的职业道德,包括爱岗敬业、诚实守信,清楚并遵守相关的行业规范等。

(3)培养良好的团队协作、协调人际关系的能力。

(4)培养对新知识、新技能的学习能力与创新能力。

2.3 能力目标

(1)能区分结构中不同构件的受力特点。

(2)能进行常见结构的配筋分析。

(3)能通过常见结构构件的承载力复核计算。

(4)能做出常见结构的构造样图。

3 课程内容和要求

根据专业课程目标和涵盖的工作任务要求,确定课程内容和要求(见表2-19),说明学生应获得的知识、技能与态度。

课程内容和要求 表2-19

学习情境	工作任务	知识要求	技能要求	学时安排
1. 钢筋混凝土结构的普遍性	了解本课程	本课程的内容及学习本课程的目的、任务; 各种材料结构的特点和使用范围; 工程结构设计的基本要求	接触钢筋、水泥,砖石结构物	2

续上表

学习情境	工作任务	知识要求	技能要求	学时安排
2. 多媒体播放施工料场录像	掌握钢筋和混凝土的物理力学性能	掌握混凝土应力应变关系曲线的含义,弹性模量与变形模量的概念; 钢筋和混凝土共同工作的机理	了解钢筋和混凝土应力应变关系曲线的绘制原理	6
3. 教室进行桥涵规范的学习	结构按极限状态法设计的原则	结构的功能要求、结构的极限状态; 我国现行公路桥涵设计04规范的计算原则: 承载能力极限状态、正常使用极限状态; 荷载效应组合	抄写学习规范	2
4. 日常生活中的梁结构	受弯构件正截面、斜截面强度计算	受弯构件的截面形式与构造; 静止结构的力学平衡知识	单筋矩形、双筋矩形和T型截面受弯构件的基本计算公式及其适用条件、计算方法	10
5. 结构处于施工中的现场录像	钢筋混凝土受弯构件在施工阶段的应力计算	工程力学中的应力、应变计算理论	换算截面的概念和计算方法; 受弯构件在施工阶段的应力计算	2
6. 生活中的杆件弯曲现象和墙体开裂现象	钢筋混凝土受弯构件变形和裂缝宽度的计算	结构力学的图乘法运算,钢筋应变的计算理论	掌握受弯构件的变形计算公式; 掌握受弯构件的裂缝宽度计算公式	2
7. 弯曲路线上的桥墩	轴心受压构件、偏心受压构件的承载力计算	隔离体的受力平衡,压杆稳定理论	普通箍筋柱和螺旋箍筋柱的承载力计算方法,大小偏心柱的承载力计算方法	6
8. 木桶被钢丝箍住后不会向外渗水	预应力混凝土结构	结构受力平衡理论,正应力和切应力的计算方法	预应力混凝土基本概念及材料,预应力损失的计算,预应力受弯构件的正截面、斜截面强度计算方法	2
9. 日常生活中的砖瓦房	砖、石及混凝土结构	力学平衡	圬工结构的材料种类及其性能,轴心、偏心受压砌体承载力的计算; 砌体受弯、受剪和局部承压的计算方法	4
课程设计				4
实验				8
合计				48

4 课程实施和建议

4.1 课程的重点、难点及解决办法

本课程是公路工程造价专业的一门专业基础课程，重点是培养学生熟悉各种结构构件的配筋位置和构造形式。

本课程的教学难点是如何编写接近施工实际运作的情境案例并进行教学实施，如何寻找企业与学校合作为学生提供实践练习的工作岗位，以及如何选择简单易懂的工程软件并进行教学实施工作。

解决办法是通过多种渠道加强与施工相关单位的沟通与合作，与单位合作建立校外实训基地，为学生实训提供条件；多种教学方法灵活运用，再配以课外作业等形式激发学生的学习动力，增强学生的学习兴趣，提高教学效果；不断完善现有的校内实训基地，增强软硬件的投资建设，尤其是软件的投资建设，为学生提供比较真实的操作环境，增强学生的动手计算能力以及对施工单位更深层次的认识能力；建设和完善课程的网络资源，为学生的学习提供多种渠道的便利条件；加强任课教师实践能力的培养，增强其教学能力等。

4.2 教学方法和教学手段

(1)教学方法

本课程主要采用课堂分析法、课外实践法、案例分析法等多种教学方法。

课堂分析法：主要应用在实际课堂教学中，教师创造适合的教学环境，让学生分组进行系统的设计和复核计算作业，主要利用教室来完成。

课外实践法：主要把企业单位的实际工程计算内容引入到教学中，让学生亲自在课余及其课外与设计施工单位的技术人员交流，以更好地掌握桥涵和隧道工程的相关构造知识。

案例分析法：此方法贯穿了整个教学的全过程，每一部分的知识都与案例的相应部分对应，通过案例能够让学生更深地理解所学知识。

主题讨论法：通过教师引导，激发学生的学习欲望和热情，引导学生独立思考问题，学会搜集相关信息资料，在小组内讨论，并总结讨论结果在课堂上大胆发言。此过程中一定注意教师的身份，以学生为主，教师只是引导者，尽快达到教学目的。

多种教学方法的灵活应用，能够大大激发学生的学习热情，从而增强该门课程的教学效果。

(2)教学手段

多媒体教学：课堂教学以多媒体电子课件(PPT 电子教案)为主，配合使用板书。充分利用多媒体的优势，用电子课件制作大量内容丰富的教案，再配以案例、习题等内容，以取得较好的教学效果。

软件模拟教学：利用桥博和 Midas 软件，模拟实际施工过程，增强学生对知识的感性认知。

网络教学：利用多媒体一体化教室、校园网等资源优势，构建本课程的教学网站，通过网络提供丰富的教学资源，包括教学大纲、教学实施计划、电子教案、PPT 课件、习题及答案、试卷、实习计划、案例、论文等。学生可以利用课下时间自主学习，开阔视野。

4.3 教学评价

本课程的评价主要是采用阶段评价与最终评价相结合、理论评价与实践评价相结合的模式，突出过程与模块评价，结合课堂提问、操作技能、课后作业等手段，实践性考核比重大些，但

要注重平时的评分汇集。平时的评分内容包括对职业道德、学习能力、团队协作精神、沟通交际能力、写作能力、语言表达能力、知识的运用和掌握能力等方面的考核。建议在教学中分任务模块评分，在课程结束时进行综合模块考核，或者利用答辩的形式考查学生对所学知识的理解与掌握程度。这样多元化的评价体系得出的结果能够体现出本门课程的特殊性以及对学生的公平与公正。

4.4 教案编写建议

教案是教师依据课程标准的要求，结合个人教学实践和学生的认知水平设计、编写的教学实施方案，教案的编写应充分体现"以学生为主体"的理念，以利于组织和围绕知识的学习以及职业能力的培养开展教学。

一般包括以下几项：

(1)教学内容及教学组织；

(2)教学方法的选择；

(3)学习情境设计；

(4)课后作业与课外学习。

4.5 教材编写

如果编写教材，那么必须依据本课程标准编写教材。教材的编写要充分体现项目课程设计思想，以项目为载体实施教学，项目选取要科学、符合该门课程的工作逻辑，能形成系列，让学生在完成项目的过程中逐步提高职业能力，同时要考虑可操作性。教材内容要反映新形势下的结构构造内容，要与单位合作开发，让具有丰富实践经验的企业人员参与进来，同时还要结合高职公路工程造价专业教学的实际情况，以理论知识够用为度、注重实践能力的培养。教材编写要及时对教材内容进行更新。

如果是选用教材，那么选用的教材一定要符合高职高专教学的要求，且为项目型教材，能够科学、合理地安排教材内容，帮助学生不断提高综合素质与职业能力。

《工程技术经济学》课程标准

【课程编码】

01010049

【课程类别】

专业核心课程

【学　　时】

48

【适用专业】

工程造价(公路工程)专业

1　概述

1.1　课程的性质

该课程是工程造价专业的一门专业核心课程,是在多年教学改革的基础上,通过对工程造价相关职业工作岗位进行充分的调研和分析,借鉴先进的课程开发理念和基于工作过程的课程开发理论,进行重点建设与实施的学习领域课程。目标是让学生掌握一般的工程经济分析原理、分析方法,重点培养学生节约意识与经济分析能力。

1.2　课程设计理念

(1)该课程是依据"工程造价专业工作任务与职业能力分析表"中的"投资决策、造价控制"工作项目设置的。其总体设计思路是,打破以知识传授为主要特征的传统学科课程模式,转变为基于工作过程的教学模式,以完整的工程经济分析的工作任务为对象,组织学生通过完成这些工作任务来学习相关的知识、培养相应的职业能力。课程内容突出对学生职业能力的训练,相关理论知识均与所要完成的工作任务有密切联系,并充分考虑了高等职业教育对理论知识学习的需要,融合相关职业资格证书对知识、技能和态度的要求。课程的教学过程要通过校企合作,校内实训基地建设等多种途径,采取工学结合等形式,充分开发学习资源,给学生提供丰富的实践机会。教学效果评价采取过程评价与结果评价相结合的方式,通过理论与实践相结合,重点评价学生的职业能力。

(2)该门课程的总学时为48学时。以基于工作过程的课程开发理念为指导,以职业能力培养和职业素养养成为重点,根据技术领域和职业岗位(群)的任职要求,融合造价工程师的职业资格标准,以公路可行性研究中常用的经济评价方式为典型工作过程,以来源于实践的案例为载体,以理实一体化的教学实训室为工作与学习场所,对课程内容进行序化。通过教学模式的设计、教学方法的设计、教学手段的灵活运用、教学目标的开放性设计、教学考核方法的改革等,保证学生专业能力、方法能力和社会能力的全面培养。

1.3　课程开发思路

根据高职教育的特点,按照学院"小学校、大课堂"的办学思路和"校企融合、同兴共赢"的办学模式,积极探索"校企合作、工学结合"的人才培养模式,积极探索以实践能力考核为主的课程评价方法,切实提高学生的职业能力和就业竞争力,具体措施体现在以下几个方面。

(1)基于典型工作过程分析,构建课程体系。

(2)以职业能力培养为核心,设计教学内容。

(3)以提高学生职业能力和职业素养为目标,重视实践教学。

(4)融合职业资格标准,推行双证书制。

(5)校企合作,共建新型实践教学基地。

(6)校企合作,形成实践技能课主要由企业兼职教师讲授的机制。

2 课程目标

本课程的培养目标是培养公路工程造价管理人员,主要培养的能力为方案选择与评价能力。这就要求学生首先掌握经济分析的一般原理,然后通过实训学会灵活应用所学知识,为将来走上管理工作,打下坚实的基础。

2.1 知识目标

(1)掌握资金、时间、价值的基本概念、基本原理与计算方法。

(2)掌握各种类型方案的经济比选方法。

(3)熟悉投资估算与融资的相关知识。

(4)掌握工程财务评价与经济评价方法。

(5)掌握不确定性分析与风险分析方法。

(6)熟悉工程经济学在公路工程中的应用。

2.2 素质目标

(1)培养良好的思想品德、心理素质。

(2)培养良好的职业道德,包括爱岗敬业、诚实守信、遵守相关的法律法规等。

(3)培养良好的团队协作、协调人际关系的能力。

(4)培养对新知识、新技能的学习能力与创新能力。

2.3 能力目标

(1)能进行方案比选。

(2)能进行投资估算与融资分析。

(3)能进行工程项目的财务评价。

(4)能进行工程项目的国民经济评价。

(5)能进行不确定性分析和风险分析。

3 课程内容和要求

根据专业课程目标和涵盖的工作任务要求,确定课程内容和要求(见表2-20),说明学生应获得的知识、技能与态度。

课程内容和要求　　表2-20

学习情境	工作任务	知识要求	技能要求	学时安排
1.基本理论应用	解决简单的经济问题	系统掌握基本经济分析方法	能应用基本理论解决简单的经济问题	10
2.方案比选	选出最优方案	掌握不同类型方案的比选方法	能够从不同方案中选出最优方案	8

续上表

学习情境	工作任务	知识要求	技能要求	学时安排
3. 财务投资估算	能进行投资估算	掌握投资估算的不同方法及应用	能根据已知条件选用适当方法进行投资估算	8
4. 项目融资	选择融资方案	掌握资金成本的计算方法	正确选择融资方案	8
5. 工程项目财务评价	评价项目的财务可行性	熟悉财务评价的方法、步骤	能根据给出资料运用所学知识进行财务评价，判断项目的财务可行性	4
6. 工程项目国民经济评价	评价项目的经济可行性	掌握国民经济评价的原理、方法、步骤	能根据给定资料进行国民经济评价，判断项目的经济可行性	4
7. 工程项目不确定性分析和风险分析	在数据不确定的情况下或存在风险的情况下分析项目可行性	掌握不确定性分析与风险分析的分析原理	能对预测数据的不确定性和风险性提出分析	4
机动				2
合计				48

4 课程实施和建议

4.1 课程的重点、难点及解决办法

本课程是工程造价专业的专业主干课程，重点是培养学生经济分析能力与方案比选的决策能力。

本课程的教学难点是如何编写接近工程实际的经济评价情境案例并进行教学实施，如何寻找企业与学校合作为学生提供实践练习的工作岗位，以及如何选择合适的经济分析软件并进行教学实施工作。

解决办法是通过多种渠道加强与相关企业的沟通与合作，与企业合作建立校外实训基地，为学生实训提供条件；多种教学方法灵活运用，增强学生的学习兴趣，提高教学效果；不断完善现有的校内实训基地，增强软硬件的投资建设，尤其是软件的投资建设，为学生提供工程分析的软件环境，增强学生的动手操作能力以及对企业更深层次的认识能力；建设和完善课程的网络资源，为学生的学习提供多种渠道的便利条件；加强任课教师实践能力的培养，增强其教学能力等。

4.2 教学方法和教学手段

（1）教学方法

本课程主要采用课堂练习法、案例分析法、课外实践法等多种教学方法。

课堂练习法：边讲边练，及时巩固所学知识。

案例分析法：此方法贯穿了整个教学的全过程，每一部分的知识都有相关案例与之配套，有的是通过案例分析引入所学知识，有的是教学过程中不断引入的相对应的案例，通过案例能

够让学生更深地理解所学知识。

主题讨论法:不定期地选择具有现实意义的主题内容组织学生进行讨论,通过教师引导,激发学生的学习欲望和热情,引导学生独立思考问题,学会搜集相关信息资料,在小组内讨论,并总结讨论结果在课堂上大胆发言。此过程中一定注意教师的身份,以学生为主,教师只是引导者。通过主题讨论法,可以增强学生对知识的记忆与理解,从而达到教学目的。

课外实践法:让学生亲自到市场中做调查研究,通过自己的亲身实践来学习相应的经济分析知识。

多种教学方法的灵活应用,能够大大激发学生的学习热情,从而增强该门课程的教学效果。

(2)教学手段

多媒体教学:课堂教学以多媒体电子课件(PPT 电子教案)为主,配合使用黑板板书。充分利用多媒体的优势,用电子课件制作大量内容丰富的教案,再配以案例、习题等内容,以取得较好的教学效果。

软件模拟教学:利用财务管理软件和经济分析软件,增加学生对知识的掌握。

网络教学:引导学生利用网络多方涉猎相关知识,开阔视野。

4.3 教学评价

本课程的评价主要是采用理论评价与实践评价相结合的模式,结合课堂提问、操作技能、课后作业等手段,实践性考核比重大些,但要注重平时的评分汇集。

主要考察学生的出勤情况、实际动手能力、理论知识的运用与掌握情况、完成作业情况等评定项目。

4.4 教案编写建议

教案是教师依据课程标准的要求,结合个人教学实践和学生的认知水平设计、编写的教学实施方案,教案的编写应充分体现“以学生为主体”的理念,以利于教学的组织和围绕学生知识的学习以及职业能力的培养开展教学。

一般包括以下几项:

(1)教学内容及教学组织;

(2)教学方法的选择;

(3)学习情境设计;

(4)课后作业与课外学习。

4.5 教材编写

如果编写教材,那么必须依据本课程标准编写教材。教材的编写要充分体现项目课程设计思想,以项目为载体实施教学,项目选取要科学、符合该门课程的工作逻辑,能形成系列,让学生在完成项目的过程中逐步提高职业能力,同时要考虑可操作性。教材内容要反映新形势下的经济分析内容,要与企业合作开发,让企业具有丰富实践经验的人员参与进来,同时还要结合高职高专高等级维护与管理专业教学的基本情况,以理论知识够用为度、注重实践能力的培养。

如果是选用教材,那么选用的教材一定要符合高职高专教学的要求,且为项目型教材,能够科学、合理地安排教材内容,帮助学生不断提高综合素质与职业能力。

《公路工程造价》课程标准

【课程编码】

01010032

【课程类别】

专业核心课程

【学　　时】

72

【适用专业】

工程造价(公路工程)专业

1　概述

1.1　课程的性质

该课程是工程造价专业的专业核心课程之一。学习本门课程,让学生学习公路造价基础知识,具有独立编制施工图预算的能力。它以工程制图、公路施工技术、桥涵设计等课程学习为基础,让学生有识图能力、工程量汇总、费用计算等,同时为后续课程如招投标、合同管理等的学习做好准备。

1.2　课程设计理念

(1)总体设计思路是打破以知识传授为主要特征的传统模式,转变为以工作任务为中心组织课程内容,让学生在完成具体项目的过程中学会完成相应工作任务,发展职业能力。

(2)课程内容突出对学生职业能力的训练,理论知识的选取紧紧围绕工作任务的需要来进行,项目设计以编制施工图预算文件为线索来进行。教学过程中,采取工学结合等形式,充分开发学习资源,给学生提供丰富的实践机会。

(3)课程完成后,学生必须独立地通过手算和电算进行工程实例的施工图预算,课程设计的目的充分体现了高职高专的办学特色,加强实训环节训练,使教学环境与生产实际零距离对接,使我们的学生在学完本课程后,能马上胜任工程实际中的工程造价工作。

1.3　课程开发思路

根据高职教育的特点,按照学院“小学校、大课堂”的办学思路和“校企融合、同兴共赢”的办学模式,积极探索“校企合作、工学结合”的人才培养模式,积极探索以实践能力考核为主的课程评价方法,切实提高学生的职业能力和就业竞争力,具体措施体现在以下几个方面。

(1)基于典型工作过程分析,构建课程体系。

(2)以职业能力培养为核心,设计教学内容。

(3)以提高学生职业能力和职业素养为目标,重视实践教学。

(4)融合职业资格标准,推行双证书制。

(5)校企合作,共建新型实践教学基地。

(6)校企合作,形成实践技能课主要由企业兼职教师讲授的机制。

2 课程目标

本课程的教学目标是通过工程认识实习、课堂训练、顶岗实训等使学生掌握解决问题的办法,使他们有能力参加与造价有关的工作。

在学习中培养学生独立思考的能力,获取满足感、成就感,激发他们的学习热情;在解决问题的过程中,有克服困难的信心和决心,养成实事求是、严谨求实、认真负责、不断创新的工作态度,具有良好的职业道德和职业素质。

学生通过本课程学习,应掌握工程造价的基本原理,达到综合应用有关学科基本理论和知识、解决生产实际问题的目标。本课程的职业能力目标为使学生了解公路建设程序,具有熟练运用定额的能力,具有编制概预算文件的能力,具有编制标底、报价的能力。

2.1 知识目标

(1)掌握公路基本建设程序、建设主体、资金来源、造价种类、造价控制与管理。

(2)掌握各种定额的内容、表格组成、说明。

(3)掌握投资估算文件组成、费用组成、说明和表格填写、估算指标的运用。

(4)掌握概预算文件组成、公路工程造价费用组成及计算、列项、人料机单价计算,能填01-12表。

(5)掌握审查的意义与目的、审查的步骤与方法、变更设计、工程决算。

(6)掌握清单的概念和内容、清单的作用、清单的编制、工程量计算、计量规则。

2.2 素质目标

(1)培养良好的思想品德、心理素质。

(2)培养良好的职业道德,包括爱岗敬业、诚实守信、遵守相关的法律法规等。

(3)培养良好的团队协作、协调人际关系的能力。

(4)培养对新知识、新技能的学习能力与创新能力。

2.3 能力目标

(1)了解公路基本建设程序、项目组成、造价组成。

(2)各种定额的初步运用。

(3)了解预可投资估算编制、工可投资估算编制。

(4)独立手工编制公路工程施工图预算文件,会汇总工程量、计算工料机单价、正确套用定额,会造价各种费用计算。

(5)了解审查的方法与内容。

(6)会编制工程量清单。

3 课程内容和要求

根据专业课程目标和涵盖的工作任务要求,确定课程内容和要求(见表2-21),说明学生应获得的知识、技能与态度。

课程内容和要求

表 2-21

<table>
<tr><th>学习情境</th><th>工作任务</th><th>知识要求</th><th>技能要求</th><th colspan="2">学时安排</th></tr>
<tr><td>1. 公路工程造价基础知识</td><td>了解公路基本建设程序、项目组成、造价组成</td><td>公路基本建设程序、建设主体、资金来源、造价种类、造价控制与管理</td><td>公路基本建设；
造价基本概念；
造价管理</td><td colspan="2">4</td></tr>
<tr><td rowspan="4">2. 公路工程定额</td><td>估算指标的初步运用</td><td>估算指标的内容、表格组成、说明</td><td>估算指标的分项指标和总指标应用</td><td>4</td><td rowspan="4">14</td></tr>
<tr><td>概算定额的初步运用</td><td>概算定额的内容、表格组成、说明</td><td>会查概算定额，人料机划分</td><td>2</td></tr>
<tr><td>预算定额的初步运用</td><td>预算定额的内容、表格组成、说明、定额运用、抽换</td><td>会查并简单应用预算定额</td><td>6</td></tr>
<tr><td>机械台班费用定额的初步运用</td><td>机械台班费用定额内容、表格组成、说明、单价计算</td><td>会计算机械台班单价</td><td>2</td></tr>
<tr><td rowspan="2">3. 公路工程投资估算</td><td>了解预可投资估算编制</td><td>预可投资估算文件组成、费用组成、说明和表格填写、估算指标的运用</td><td>预可投资估算文件编制</td><td>2</td><td rowspan="2">6</td></tr>
<tr><td>了解工可投资估算编制</td><td>工可投资估算文件组成、费用组成、说明和表格填写、估算指标的运用</td><td>工可投资估算文件编制</td><td>4</td></tr>
<tr><td rowspan="6">4. 公路工程概预算</td><td>概预算文件组成</td><td>甲、乙组文件组成和要求</td><td></td><td>2</td><td rowspan="6">20</td></tr>
<tr><td>概预算项目表</td><td>项目表组成</td><td>区分项、目、节、细目</td><td>2</td></tr>
<tr><td>列项与工程计算</td><td>列项，完成 01 表</td><td>根据资料划分工程项目；
摘取工程量；
初填 01 表</td><td>2</td></tr>
<tr><td>概预算与费用的组成</td><td>造价费用组成；
人料机单价计算；
直接工程费计算；
其他工程费计算；
间接费，利润，税金计算；
建安费计算</td><td>造价费用组成；
施工图预算编制程序；
填写 04～09 表</td><td>6</td></tr>
<tr><td>概预算编制</td><td>文件编制</td><td>填写 01～11 表</td><td>4</td></tr>
<tr><td>WECOST 造价软件操作</td><td>WECOST 软件操作</td><td>掌握操作步骤</td><td>4</td></tr>
<tr><td>5. 概预算审查</td><td>审查的方法与内容；
工程费用结算</td><td>审查的意义与目的、审查的步骤与方法、变更设计、工程决算</td><td>了解审查的方法与内容</td><td colspan="2">4</td></tr>
<tr><td>6. 工程量清单</td><td>工程量清单的概念和内容；
工程量清单计量规划；
工程量清单计价原理</td><td>清单的概念和内容、清单的作用、清单的编制、工程量计算、计量规则</td><td>会编制工程量清单</td><td colspan="2">4</td></tr>
<tr><td colspan="4">机动</td><td colspan="2">2</td></tr>
<tr><td colspan="4">课程设计</td><td colspan="2">18</td></tr>
<tr><td colspan="4">合计</td><td colspan="2">72</td></tr>
</table>

4 课程实施和建议

4.1 课程的重点、难点及解决办法

本课程是土木系公路各专业的主干课程,重点是培养学生了解公路建设程序,具有熟练运用定额的能力,具有编制概预算文件的能力, 具有编制标底、报价的能力。

本课程的教学难点是本课程学完后,要求学生能独立手工编制公路工程施工图预算文件。难点在于要求学生会计算人工、材料、机械单价,正确套用定额,从而求出直接工程费 ,进一步求出建安费、工程总造价等。而学生因为对专业知识的综合运用能力差一些,专业基础知识掌握得不是很牢固,有的同学甚至连路基路面都分不清,所以在选取定额时有一定的难度,直接影响计算结果的准确性,所以在上课过程中要一直给学生补充所涉及的专业知识,备课时要多看参考书。

解决办法是通过多种渠道加强与工程造价相关企业的沟通与合作,与企业合作建立校外实训基地,为学生实训提供条件;多种教学方法灵活运用,再配以课外作业等形式激发学生的学习动力,增强学生的学习兴趣,提高教学效果;不断完善现有的校内实训基地,增强软硬件的投资建设,尤其是软件的投资建设,为学生提供模拟实际训练的造价软件和相关图纸,增强学生的动手操作能力以及对企业更深层次的认识能力;建设和完善课程的网络资源,为学生的学习提供多种渠道的便利条件;加强任课教师实践能力的培养,增强其教学能力等。

4.2 教学方法和教学手段

(1)教学方法

本课程内容涉及专业知识较广但不精,所以在授课过程中采用的教学方法有以下几种。

①讲授法:新课内容尤其是难点要首先采用讲授法,让学生理解、明白当堂课讲课内容。

②讨论法:在讲授的基础上,为了让学生能够当堂记住所学内容,适当采取讨论法。在讨论的过程中,通过学生参与、抒发自己的见解,记住所学内容。

③自学辅导法:一些简单的内容可以一带而过,让学生自己看书,了解则可。

④案例教学法与实训作业法:表格计算时,采用案例教学。

总之根据教学内容不同,采用不同的教学方法。

(2)教学手段

多媒体教学:课堂教学以多媒体电子课件(PPT 电子教案)为主,配合使用黑板板书。充分利用多媒体的优势,用电子课件制作大量内容丰富的教案,再配以案例、习题等内容,以取得较好的教学效果。

软件模拟教学:利用 WECOST 软件,以工程实例作为教学内容,增加学生对知识的掌握。

网络教学:利用多媒体一体化教室、校园网等资源优势,构建本课程的教学网站,通过网络提供丰富的教学资源,包括教学大纲、教学实施计划、电子教案、PPT 课件、习题及答案、试卷、实习计划、案例、论文等。学生可以利用课下时间自主学习,开阔视野。

4.3 教学评价

本课程的评价主要是采用阶段评价与最终评价相结合、理论评价与实践评价相结合的模式,突出过程与模块评价,结合课堂提问、操作技能、课后作业等手段,实践性考核比重大些,但要注重平时的评分汇集。平时的评分内容包括对职业道德、学习能力、团队协作精神、沟通交际能力、写作能力、语言表达能力、知识的运用和掌握能力等方面的考核。建议在教学中分任

务模块评分,在课程结束时进行综合模块考核,或者利用答辩的形式考查学生对所学知识的理解与掌握程度。这样多元化的评价体系得出的结果能够体现出本门课程的特殊性以及对学生的公平与公正。

评价的目的在于教和学的诊断、反馈、评定和激励,全面考察学生的学习状况,激励学生的学习热情,促进学生的全面发展。

各任务模块可参照表 2-22 进行评价。

教学评价表 表 2-22

任务名称	自评符合程度（高→低）			学习情境:概预算文件编制
	A	B	C	评价要点
1. 基础知识				我掌握造价费用组成
				我能够知道施工图预算编制程序
2. 划分工程项目,确定工程量				我能够根据资料划分工程项目
				我能够摘取工程量
				我已能够初填 01 表
3. 基础单价计算				我已掌握人工单价计算方法
				我已掌握材料单价的计算方法
				我已掌握机械台班单价计算方法
				我能与同学合做收集资料
				我能够编制 09、11、07 表
4. 直接工程费计算				我已理解直接工程费的内容
				我能计算直接工程费
				我能够填制 08 表的相关内容
5. 其他工程费计算				我已理解其他工程费的计算
				我能确定费率,编制 04 表
				我能计算其他工程费,填制 08 表
6. 间接费,利润,税金计算				我已理解费用的内容
				我能确定费率,编制 04 表
				我能计算其他工程费,填制 08 表
7. 建安费计算				我能编制 03 表内容
8. 工料机数量汇总				我能够编制 02、02-1、12 表
9. 造价费用计算表				我能够计算 01 表

备注:A 完全做到评价要点;B 基本做到评介要点;C 不能做到评价要点。

4.4 教案编写建议

教案是教师依据课程标准的要求,结合个人教学实践和学生的认知水平设计、编写的教学实施方案,教案的编写应充分体现"以学生为主体"的理念,以利于教学的组织和围绕学生知识的学习以及职业能力的培养开展教学。

一般包括以下几项:

(1)教学内容及教学组织;

(2)教学方法的选择;

(3)学习情境设计;

(4)课后作业与课外学习。

4.5 教材编写

如果编写教材,那么必须依据本课程标准编写教材。教材的编写要充分体现项目课程设计思想,以项目为载体实施教学,项目选取要科学、符合该门课程的工作逻辑,能形成系列,让学生在完成项目的过程中逐步提高职业能力,同时要考虑可操作性。教材内容要反映新形势下的采购管理内容,要与企业合作开发,让企业具有丰富实践经验的人员参与进来,同时还要结合高职高专工程造价专业教学的基本情况,以理论知识够用为度、注重实践能力的培养。教材编写还要考虑与《公路工程造价》课程相重复的内容,并要及时对教材内容进行更新。

如果是选用教材,那么选用的教材一定要符合高职高专教学的要求,且为项目型教材,能够科学、合理地安排教材内容,帮助学生不断提高综合素质与职业能力。

《招投标与合同管理》课程标准

【课程编码】

01030176

【课程类别】

专业核心课程

【学　　时】

48

【适用专业】

工程造价(公路工程)专业

1　概述

1.1　课程的性质

该课程是工程造价专业的专业核心课程之一,是在近几年教学新形式下,在对工程造价毕业生工作岗位进行充分调研和分析的基础上,借鉴先进的课程开发理念和基于工作过程的课程开发理论,进行重点建设与实施的学习领域课程。目标是让学生掌握土木工程中的招标过程和投标程序,熟悉建筑工程施工合同的内容,签订合同双方的权利和义务以及如何利用合同来保护合法利益,重点培养学生编制建筑工程招标文件的能力,编制工程投标文件的能力以及施工监理的投标文件能力,同时培养学生分析合同文件和利用合同的能力。它以《公路工程造价》课程的学习为基础,是对《公路工程造价》进一步扩宽应用的课程。

1.2　课程设计理念

(1)该课程是依据工程造价专业毕业生工作岗位调查结果及用人单位岗位需求而设置的。其总体设计思路是,打破以单纯的知识传授为主要特征的传统学科课程模式,转变为基于工作内容与过程的教学模式,以完成工程招投标项目为对象,组织学生为完成这些工作任务来学习相关的知识,培养相应的工作能力。课程内容突出对学生职业能力的训练,相关理论知识贯穿于工作任务完成的过程中,充分考虑学生日后工作对理论知识的需要。课程的教学过程要通过实际案例,校企合作,校内实训基地等多种途径,采用工学结合等形式,充分开发学习资源,给学生提供丰富的实践机会。教学效果评价采取过程与结果评价相结合的方式,通过理论与实践相结合,重点评价学生的职业能力。

(2)该门课程的总学时为48学时。该课程标准以基于工作过程的课程开发理念为指导,以职业能力培养和职业素养养成为重点,根据专业领域和职业岗位的任职要求,以典型的招标方式、投标方式和合同事件处治为典型的工作过程,以来源于建设工程的实际案例为载体,以理论实践一体化的教学实训室为工作与实习场所,对课程内容进行具体化、程序化。通过教学模式的设计、教学方法的设计、教学手段的灵活运用、教学目标的开放性设计、教学考核方法的改革等,保证学生专业技术水平、协作能力和职业能力的全面培养。

1.3　课程开发思路

根据高职教育的特点,真正培养实用人才,按照“校企融合、学生与岗位直接接轨”的办学思路，积极探索人才培养方式，积极创新教学模式，丰富教学内容，切实提高学生的职业能力、就业范围和就业竞争力，尽可能地缩短学生的岗位适应期，具体措施体现在以下几个方面。

(1)基于典型工作过程，构建课程内容体系。

(2)以职业能力培养为核心，设计教学内容。

(3)以提高学生职业能力和就业竞争力为目标，重视实践教学。

(4)校企合作，共建新型实践教学基地。

(5)将教师授课转变为学生实践中学习体会理论。

2 课程目标

本课程的培养目标是培养公路工程招投标及合同管理人才，主要培养就业岗位是施工单位及监理单位的投标及合同管理岗位，业主单位招标及合同管理岗位，以及招标代理单位的招标文件编制岗位。核心能力为对工程招、投标程序的熟悉，对招投标文件内容的全面掌握，对合同文件的透彻理解，能够根据自己所处立场的不同，完成自己对合同文件的编写，能利用合同的条款保护自己所在方的合法利益。

2.1 知识目标

(1)以提高学生职业能力和就业竞争力为目标，重视实践教学。

(2)校企合作，共建新型实践教学基地。

(3)将教师授课转变为学生实践中学习体会理论。

2.2 素质目标

(1)培养良好的思想道德、心理素质。

(2)培养良好的职业道德，包括爱岗敬业、工作严谨、诚实守信、遵守相关的法律法规等。

(3)培养良好的团队协作能力，良好的沟通能力。

2.3 能力目标

(1)能够熟悉招标投标的一般程序。

(2)能够完整的编制招标文件和投标文件。

(3)能透彻理解合同文件，明确合同双方的权利和义务。

(4)能够利用合同条款来保护所在方的合法利益。

3 课程内容和要求

根据专业课程目标和涵盖的工作任务要求，确定课程内容和要求(见表2-23)，说明学生应获得的知识、技能和职业素养。

课程内容和要求 表2-23

学习情境	工作任务	知识要求	技能要求	学时安排
1. 建筑工程招投标基本知识	了解公路工程中招投标的主体、一般程序以及适用范围	招投标的适用范围； 招投标的主体； 招标和投标的程序	掌握招投标的主体； 招投标的一般程序	2

续上表

学习情境	工作任务	知识要求	技能要求	学时安排	
2. 建筑工程招标	建筑工程招标的主要工作	招标的主要工作内容	熟悉招标工作内容	2	12
	建筑工程招标文件的编制	招标文件的组成和编制中需要注意的问题	能根据工程内容编制招标文件	2	
	建筑工程招标案例分析	对案例进行分析,确定案例中关键内容	能够分析招标文件编制的优劣	4	
	招标实战训练	针对具体项目进行招标	能够独立编制招标文件	4	
3. 建筑工程施工投标	建筑工程投标的主要工作	掌握施工投标各阶段的主要工作	能够熟悉投标的各阶段内容	2	12
	投标文件的编制内容及要求	掌握施工投标文件的内容; 投标文件的编制; 投标文件编制的要求和注意事项	能够编制具体工程项目的施工投标文件	2	
	投标文件中的经济标的编制	掌握投标文件中经济标内容	能够编制经济标文件	4	
	施工投标实战训练	能够对具体工程进行分析; 编制施工投标文件	能够详细编制投标文件	4	
4. 建筑工程监理投标	施工监理投标文件内容和编制注意事项	掌握施工监理投标文件的基本内容	能够分析招标文件	2	8
	施工监理投标文件的编制	掌握施工投标文件中项目技术建议书和经济建议书	能够独立编制项目建议书和经济建议书	4	
	施工监理投标实战训练	具体项目监理的投标分析及投标文件编制	能够详细编制施工监理标的投标文件	2	
5. 施工招标的开标、评标和定标	开标、评标和定标的基本内容及组织	开标、评标和定标的基本内容及组织	开标、评标和定标的基本内容和关键步骤	2	8
	开标、评标和定标的程序及要求,案例分析	开标、评标和定标的程序及要求	熟悉开标、评标和定标的基本程序	4	
	实战训练	掌握评标的一般方法	能够审核投标文件,进行评标	2	
6. 建筑工程施工合同管理	建筑工程施工合同及简介	熟悉合同文件的基本内容和相关条款	能够掌握合同双方的权利和义务	2	6
	建筑工程施工合同管理	熟悉合同管理的相关条款	掌握设计合同管理的条款内容	2	
	建筑工程施工索赔和案例分析	掌握体现双方利益的合同条款	能够具体问题具体分析,正确使用合同条款进行索赔	2	
合计				48	

4　课程实施和建议

4.1　课程的重点、难点及解决办法

本课程是工程造价专业的专业主干课程，重点是培养学生的投标文件的编制能力，招标文件的编制能力和评标的一般方法，能够熟悉建筑工程合同的基本条款，能够利用合同处理施工中基本索赔事件，保护合同双方的合法利益。

本课程的难点是如何使学生能够更为贴切地体会实际工程中的招投标工作程序和内容，也就是使学习真正地与实际项目接轨。

解决办法是通过和相关企业沟通合作，让学生有机会参与实际工程的招投标工作；将以前完成的实际工程的招投标项目，让学生重新进行工程的招投标。

4.2　教学方法和教学手段

(1)教学方法

本课程主要采用案例分析法、实战训练法、课外实践法等多种教学方法。

案例分析法：主要将以前项目的招标文件和投标文件拿来进行分析，让学生熟悉招投标文件的基本内容和编制过程需要注意的主要问题。

实战训练法：将具体的工程项目作为目标，让学生进行组团，进行招标文件和投标文件的编制，最后进行文件的评标和开标。

课外实践法：联系相关企业，让学生到实践岗位体验实际招投标文件的编制过程。

(2)教学手段

多媒体教学：课堂教学以多媒体电子课件为主，配合使用黑板板书。充分利用多媒体的优势，制作大量内容丰富的教案，再配以实践工程案例，以取得较好的教学效果。

网络教学：利用多媒体一体化教室、校园网等资源优势，构建本课程的教学网站，通过网络提供丰富的教学资源，包括教学大纲、教学实施计划、电子课件及案例、论文等。学生可以利用自己的课余时间扩展自己的知识面。

4.3　教学评价

本课程的教学评价主要是采用阶段性评价和最终评价相结合、理论评价和实践评价相结合的模式，突出学生职业能力和职业素质的评价，增加实践考核比重，同时注重平时的评分汇集。平时的评分内容包括对学习能力、协作能力、沟通能力、写作能力和知识运用能力等方面的考核。将整个课程划分为招标文件的编制、施工投标文件的编制、施工监理标文件的编制、评标工作和合同管理等五个阶段，对每个阶段中每个学生的表现进行评价，课程结束时进行综合能力测试，进行最终评价，两者结合起来评价教学的整体效果。

4.4　教案编写和建议

教案是教师依据课程标准的要求，结合个人教学实践和学生的认知水平设计、编写的教学实施方案，教案的编写应充分体现"以学生为主体"的理念，以利于提高学生的职业能力、职业素质和就业竞争力而展开教学。

具体包括以下几项：

(1)教学内容及教学组织；

(2)教学方法的选择；

(3)实战项目的选择；

(4)课后作业与课外学习。

4.5 教材编写

教材的编写应该依据本课程标准编写教材。教材的编写要充分体现项目内容设计思想，以项目为载体实施教学，项目选取要科学，符合日后学生就业的岗位所需知识，让学生在完成项目文件编制后得到能力的提高，同时考虑可操作性，注意项目选择同实际工程相一致，及时更新。

如果是选用教材，所选用的教材一定要符合高职高专的教学要求，能够科学、合理地安排教材内容，帮助学生不断提高综合素质与职业竞争力。

《公路建设项目管理》课程标准

【课程编码】

01030177

【课程类别】

专业特色课程

【学　　时】

48

【适用专业】

工程造价(公路工程)专业

1　概述

1.1　课程的性质

本课程是工程造价专业学生的专业技能课程。本课程的目的是通过本课程的教学使学生在学习了工程管理专业所必需的技术、经济、管理等相关专业基础课程的基础上，掌握公路工程项目管理的基本理论和公路工程项目投资控制、进度控制、质量控制的基本方法，熟悉各种具体的项目管理技术、方法在公路工程项目上的应用特点，为学生建立管理公路工程项目所需的知识、技术和方法体系，培养学生发现、分析、研究、解决公路工程项目管理实际问题的基本能力。

它以《管理学基础》、《公路施工技术》、《桥涵施工技术》、《公路工程造价》、《公路工程经济》、《公路招投标与合同管理》、《公路施工组织设计》等课程的学习为基础。

1.2　课程设计理念

(1)该课程是依据"工程造价专业工作任务与职业能力分析表"中的"公路建设项目管理"工作项目设置的。其总体设计思路，打破以知识传授为主要特征的传统学科课程模式，转变为基于工作过程的教学模式，以完整的公路工程管理的工作任务为对象，组织学生通过完成这些工作任务来学习相关的知识、培养相应的职业能力。课程内容突出对学生职业能力的训练，相关理论知识均与所要完成的工作任务有密切联系，并充分考虑了高等职业教育对理论知识学习的需要，融合相关职业资格证书对知识、技能和态度的要求。课程的教学过程要通过校企合作，校内实训基地建设等多种途径，采取工学结合等形式，充分开发学习资源，给学生提供丰富的实践机会。教学效果评价采取过程评价与结果评价相结合的方式，通过理论与实践相结合，重点评价学生的职业能力。

(2)该门课程的总学时为48学时。该课程标准以基于工作过程的课程开发理念为指导，以职业能力培养和职业素养养成为重点，根据技术领域和职业岗位(群)的任职要求，融合职业资格标准，以公路工程管理为典型工作过程，以来源于企业的实际案例为载体，以理实一体化的教学实训室为工作与学习场所，对课程内容进行序化。通过教学模式的设计、教学方法的设计、教学手段的灵活运用、教学目标的开放性设计、教学考核方法的改革等，保证学生专业能力、方法能力和社会能力的全面培养。

1.3 课程开发思路

根据高职教育的特点，按照学院“小学校、大课堂”的办学思路和“校企融合、同兴共赢”的办学模式，积极探索“校企合作、工学结合”的人才培养模式，积极探索以实践能力考核为主的课程评价方法，切实提高学生的职业能力和就业竞争力，具体措施体现在以下几个方面。

(1)基于典型工作过程分析，构建课程体系。

(2)以职业能力培养为核心，设计教学内容。

(3)以提高学生职业能力和职业素养为目标，重视实践教学。

(4)融合职业资格标准，推行双证书制。

(5)校企合作，共建新型实践教学基地。

(6)校企合作，形成实践技能课主要由企业兼职教师讲授的机制。

2 课程目标

本课程的培养目标是培养公路工程管理人员，主要培养就业岗位为技术人员，其核心能力为工程项目的进度控制能力、工程项目的质量控制能力、工程项目的成本控制能力、工程项目的技术管理能力、工程项目的合同管理能力、工程项目的信息管理能力。这就要求学生首先掌握公路工程管理的基本知识，然后通过实训学会灵活应用所学知识，为后续课程的学习，为将来走上社会从事公路工程管理工作，打下坚实的基础。

2.1 知识目标

(1)明确工程项目管理的内容及任务。

(2)掌握工程项目进度控制的相关知识。

(3)掌握工程项目质量控制的相关知识。

(4)掌握工程项目费用控制的相关知识。

(5)掌握工程项目技术管理的相关知识。

(6)掌握工程项目合同管理的相关知识。

(7)掌握工程项目信息管理的相关知识。

2.2 素质目标

(1)培养良好的思想品德、心理素质。

(2)培养良好的职业道德，包括爱岗敬业、诚实守信、遵守相关的法律法规等。

(3)培养良好的团队协作、协调人际关系的能力。

(4)培养对新知识、新技能的学习能力与创新能力。

2.3 能力目标

(1)能够进行工程项目的进度控制。

(2)能够进行工程项目的质量控制。

(3)能够进行工程项目的费用控制。

(4)能够进行工程项目的技术管理。

(5)能够进行工程项目的合同管理。

(6)能够进行工程项目的信息管理。

3 课程内容和要求

根据专业课程目标和涵盖的工作任务要求，确定课程内容和要求(见表2-24)，说明学生应获得的知识、技能与态度。

课程内容和要求 表2-24

学习情境	工作任务	知识要求	技能要求	学时安排
1.工程项目管理的内容及任务	1.1 业主的工程项目管理； 1.2 承包人的工程项目管理； 1.3 工程咨询的工程项目管理； 1.4 政府的建设管理	明确工程项目的建设程序； 明确业主、承包人、工程咨询单位、政府的工程项目管理的内容及任务	能够明确业主、承包人、工程咨询单位、政府的工程项目管理的内容及任务	4
2.工程项目进度控制	2.1 进度计划的编制； 2.2 进度计划的执行； 2.3 进度计划的检查； 2.4 进度计划的调整	掌握工程项目进度控制的原理； 掌握工程项目进度控制的方法； 掌握工程各阶段进度控制的重点内容	能够编制进度计划； 能够执行进度计划； 能够检查进度计划； 能够调整工程部署及调整进度计划	8
3.工程项目质量控制	3.1 工程质量控制的过程、要点； 3.2 工程质量检验与评定； 3.3 工程项目风险管理	掌握工程质量控制的过程、要点； 掌握工程质量检验与评定的方法； 熟悉风险相关知识	能够在工程各阶段进行质量控制； 能够进行工程质量检验与评定； 能够进行风险规避	6
4.工程项目成本控制	4.1 施工前的成本控制； 4.2 施工阶段成本控制	掌握各阶段成本控制的方法	能够编制概预算； 能够进行成本核算； 能够进行计量支付； 能够进行变更索赔	8
5.工程项目技术管理	5.1 准备阶段的技术管理； 5.2 施工阶段的技术管理； 5.3 网络计划应用	掌握各阶段技术管理的相关内容； 熟悉网络计划的应用	能够在工程各阶段进行相应的技术管理； 能够编制网络计划并在工程中予以应用	10
6.工程项目合同管理	6.1 合同的订立、履行、争议解决、解除； 6.2 工程项目合同的管理	掌握合同相关知识； 掌握工程项目合同的管理要点	能够理解合同主要条款； 能够全面履行合同； 能够处理合同纠纷	8
7.工程项目信息管理	7.1 工程项目信息管理软件； 7.2 建设项目后评估； 7.3 建设项目档案管理和回访保修	掌握工程项目信息管理相关内容； 掌握建设项目后评估的方法； 掌握建设项目档案管理和回访保修工作要点	能够应用软件对工程项目进行信息管理； 能够进行项目的后评估； 能够整理建设项目档案	4
合计				48

4 课程实施和建议

4.1 课程的重点、难点及解决办法

课程重点:工程进度控制、质量控制、成本控制、技术管理、合同管理、信息管理。

课程难点:其一是如何使没有任何工程实践经验的学生去很好地理解和掌握工程项目管理的原理和方法;其二是如何帮助学生将所学到的项目管理理论知识转化为工程项目管理的能力和素质;其三是如何在项目管理理论方法日新月异的大背景下将学科最新发展成果应用于教学,使学生及时接触国际上先进的方法和技术,解决经典与现代并重的关系问题。

解决办法:主要是采用以案例式教学为主的研讨型课堂教学方法,激发学生自主探索学习的兴趣。

4.2 教学方法和教学手段

(1)教学方法

①采用案例教学法。建立案例库,注意经典案例和最新案例的结合。通过案例实践,使学生把理论应用于实践;同时注意案例实践与毕业设计结合,把教学过程、科研过程与实践结合在一起。这样,能大大激发学生的学习热情。

②采用对照式教学法。对于变化比较大的知识,采用导入式、对照式教学,通过新旧知识的比较,让学生了解旧知识的局限性、新知识的合理性,认识理论与实践的互动关系,更好地理解新理论、新政策,甚至可以预测学术动向和潜在实践方法,培养学生科研能力。

③采用讨论教学法。在基本原理、重点和难点由教师课堂讲授的前提下,对于比较灵活的教学内容,教师事先提出一些问题,由学生自学、思考、准备,再到课上讨论。讨论中教师注意引导,学生畅所欲言,然后由教师归纳总结。

(2)教学手段

①开展学术讲座。利用课后时间,把工程项目管理领域的发展、研究热点及时介绍给学生。

②积极利用网络教学手段,提高教学内容的科学性、先进性和趣味性,加强学生与老师的实时交流。课程的教案、大纲、习题、案例等教学文件与参考资料上网开放,使广大学生得到优质的教学资源,方便学生在不同时间、不同地点根据自己的需要进行自主化、个性化学习。

③充分利用电化教学手段,加强形象直观教学。使用投影、录像、电视、VCD、教学软件等进行辅助教学,增强教学效果。

4.3 教学评价

本课程的评价主要是采用阶段评价与最终评价相结合、理论评价与实践评价相结合的模式,突出过程与模块评价,结合课堂提问、操作技能、课后作业等手段,实践性考核比重大些,但要注重平时的评分汇集。平时的评分内容包括对职业道德、学习能力、团队协作精神、沟通交际能力、写作能力、语言表达能力、知识的运用和掌握能力等方面的考核。建议在教学中分任务模块评分,在课程结束时进行综合模块考核,或者利用答辩的形式考查学生对所学知识的理解与掌握程度。这样多元化的评价体系得出的结果能够体现出本门课程的特殊性以及对学生的公平与公正。各任务模块可参照表2-25进行评价。

教学评价表　　表 2-25

学习情境	工作任务	评价目标	评价方式	评价比重（%）
1. 工程项目管理的内容及任务	1.1　业主的工程项目管理； 1.2　承包人的工程项目管理； 1.3　工程咨询的工程项目管理； 1.4　政府的建设管理	能够明确业主、承包人、工程咨询单位、政府的工程项目管理的内容及任务	过程性评价：提问、案例分析、实训、课后作业； 总结性评价：卷考——判断题、选择题	10
2. 工程项目进度控制	2.1　进度计划的编制 2.2　进度计划的执行 2.3　进度计划的检查 2.4　进度计划的调整	能够编制进度计划； 能够执行进度计划； 能够检查进度计划； 能够调整工程部署及调整进度计划	过程性评价：提问、案例分析、实训、课后作业； 总结性评价：卷考——判断题、选择题	20
3. 工程项目质量控制	3.1　工程质量控制的过程、要点； 3.2　工程质量检验与评定； 3.3　工程项目风险管理	能够在工程各阶段进行质量控制； 能够进行工程质量检验与评定； 能够进行风险规避	过程性评价：提问、案例分析、实训、课后作业； 总结性评价：卷考——判断题、选择题	20
4. 工程项目成本控制	4.1　施工前的成本控制； 4.2　施工阶段成本控制	能够编制概预算； 能够进行成本核算； 能够进行计量支付； 能够进行变更索赔	过程性评价：提问、案例分析、实训、课后作业； 总结性评价：卷考——判断题、选择题	20
5. 工程项目技术管理	5.1　准备阶段的技术管理 5.2　施工阶段的技术管理 5.3　网络计划应用	能够在工程各阶段进行相应的技术管理； 能够编制网络计划并在工程中予以应用	过程性评价：提问、案例分析、实训、课后作业； 总结性评价：卷考——判断题、选择题	10
6. 工程项目合同管理	6.1　合同的订立、履行、争议解决、解除； 6.2　工程项目合同的管理；	能够理解合同主要条款； 能够全面履行合同； 能够处理合同纠纷	过程性评价：提问、案例分析、实训、课后作业； 总结性评价：卷考——判断题、选择题	10
7. 工程项目信息管理	7.1　工程项目信息管理软件； 7.2　建设项目后评估； 7.3　建设项目档案管理和回访保修	能够应用软件对工程项目进行信息管理； 能够进行项目的后评估； 能够整理建设项目档案	过程性评价：提问、案例分析、实训、课后作业； 总结性评价：卷考——判断题、选择题	10
合计				100

说明：每个模块的考核主要考察学生的出勤情况，实际动手能力，理论知识的运用与掌握情况，完成作业的准确度、完整度、规范度等，分析问题、解决问题的能力，合作沟通能力，学习态度，总结报告（报告的内容、态度、写作水平等）等评定项目。

4.4 教案编写建议

教案是教师依据课程标准的要求,结合个人教学实践和学生的认知水平设计、编写的教学实施方案,教案的编写应充分体现“以学生为主体”的理念,以利于教学的组织和围绕学生知识的学习以及职业能力的培养开展教学。

一般包括以下几项:

(1)教学内容及教学组织;

(2)教学方法的选择;

(3)学习情境设计;

(4)课后作业与课外学习。

4.5 教材编写

如果编写教材,那么必须依据本课程标准编写教材。教材的编写要充分体现项目课程设计思想,以项目为载体实施教学,项目选取要科学、符合该门课程的工作逻辑,能形成系列,让学生在完成项目的过程中逐步提高职业能力,同时要考虑可操作性。教材内容要反映新形势下的公路工程管理内容,要与企业合作开发,让企业具有丰富实践经验的人员参与进来,同时还要结合高职高专工程造价专业、高等级公路维护与管理专业专业教学的基本情况,以理论知识够用为度、注重实践能力的培养。教材编写还要考虑增加工程管理案例,并要及时对教材内容进行更新。

如果是选用教材,那么选用的教材一定要符合高职高专教学的要求,且为项目型教材,能够科学、合理地安排教材内容,帮助学生不断提高综合素质与职业能力。

《工程成本控制》课程标准

【课程编码】

01010055

【课程类别】

专业核心课程

【学　　时】

48

【适用专业】

工程造价(公路工程)专业

1　概述

1.1　课程的性质

该课程是工程造价专业的一门专业核心课程,是在对工程造价相关职业工作岗位进行充分调研和分析的基础上,借鉴先进的课程开发理念和基于工作过程的课程开发理论,进行重点建设与实施的学习领域课程。目标是让学生了解工程成本控制的程序、内容、方法,培养学生的成本管理能力。

1.2　课程设计理念

(1)该课程是依据"工程造价专业工作任务与职业能力分析表"中的"成本控制"工作项目设置的。其总体设计思路是,完善教学内容,打破以知识传授为主要特征的传统学科课程模式,转变为基于工作过程的教学模式,以完整的成本控制分析的工作任务为对象,组织学生通过完成这些工作任务来学习相关的知识、培养相应的职业能力。课程内容突出对学生职业能力的训练,相关理论知识均与所要完成的工作任务有密切联系,并充分考虑了高等职业教育对理论知识学习的需要,融合相关职业资格证书对知识、技能和态度的要求。课程的教学过程要通过校企合作,校内实训基地建设等多种途径,采取工学结合等形式,充分开发学习资源,给学生提供丰富的实践机会。教学效果评价采取过程评价与结果评价相结合的方式,通过理论与实践相结合,重点评价学生的职业能力。

(2)该门课程的总学时为48学时。该课程标准以基于工作过程的课程开发理念为指导,以职业能力培养和职业素养养成为重点,根据技术领域和职业岗位(群)的任职要求,融合建造师的职业资格标准,以公路施工中常用的经济评价方式为典型工作过程,以来源于实践的案例为载体,以理实一体化的教学实训室为工作与学习场所,对课程内容进行序化。通过教学模式的设计、教学方法的设计、教学手段的灵活运用、教学目标的开放性设计、教学考核方法的改革等,保证了学生专业能力、方法能力和社会能力的全面培养。

1.3　课程开发思路

根据高职教育的特点,按照学院"小学校、大课堂"的办学思路和"校企融合、同兴共赢"的办学模式,积极探索"校企合作、工学结合"的人才培养模式,积极探索以实践能力考核为主的课程评价方法，切实提高学生的职业能力和就业竞争力，具体措施体现在以下几个方面。

(1)基于典型工作过程分析，构建课程体系。

(2)以职业能力培养为核心，设计教学内容。

(3)以提高学生职业能力和职业素养为目标，重视实践教学。

(4)融合职业资格标准，推行双证书制。

(5)校企合作，共建新型实践教学基地。

(6)校企合作，形成实践技能课主要由企业兼职教师讲授的机制。

2 课程目标

本课程的培养目标是培养工程成本控制人员，主要培养的能力为成本的预测、计划、控制、分析、核算和考核能力。这就要求学生首先掌握成本控制的一般方法，然后通过实训学会灵活应用所学知识，为将来走上管理工作，打下坚实的基础。

2.1 知识目标

(1)掌握成本预测与决策的方法。

(2)掌握成本计划的方法。

(3)掌握成本控制的方法。

(4)掌握成本核算的方法。

(5)掌握成本分析的方法。

(6)熟悉成本考核的方式。

2.2 素质目标

(1)培养良好的思想品德、心理素质。

(2)培养良好的职业道德，包括爱岗敬业、诚实守信、遵守相关的法律法规等。

(3)培养良好的团队协作、协调人际关系的能力。

(4)培养对新知识、新技能的学习能力与创新能力。

2.3 能力目标

(1)能进行成本预测与决策。

(2)能做工程成本计划。

(3)能进行工程成本控制。

(4)能进行工程成本核算。

(5)能进行工程成本分析。

3 课程内容和要求

根据专业课程目标和涵盖的工作任务要求，确定课程内容和要求(表2-26)，说明学生应获得的知识、技能与态度。

课程内容和要求 表2-26

学习情境	工作任务	知识要求	技能要求	学时安排
1.成本预测与决策	进行成本预测	掌握各种成本预测方法	能根据不同资料进行成本预测	6

续上表

学习情境	工作任务	知识要求	技能要求	学时安排
2. 成本计划	做出成本计划	掌握成本计划的编制方法	能够根据工程特点编制成本计划	8
3. 成本控制	进行成本控制	掌握成本控制方法	能根据给定情境或实际施工情况进行成本控制	12
4. 成本核算	进行成本核算	掌握成本核算的原则、内容、方法	根据实际花费进行成本核算	14
5. 成本分析	进行成本分析，提出改进措施	熟悉成本分析方法	能对成本偏差进行分析，提出改进措施	6
机　动				2
合　计				48

4　课程实施和建议

4.1　课程的重点、难点及解决办法

本课程是工程造价专业的专业主干课程，重点是培养学生对施工成本的管理控制能力。

本课程的教学难点是如何编写适用教材及接近工程实际的经济评价情境案例并进行教学实施、如何寻找企业与学校合作为学生提供实践练习的工作岗位，以及如何选择合适的成本管理软件并进行教学实施工作。

解决办法是通过教学积累编写适用教材。通过多种渠道加强与相关企业的沟通与合作，与企业合作建立校外实训基地，为学生实训提供条件；多种教学方法灵活运用，增强学生的学习兴趣，提高教学效果；不断完善现有的校内实训基地，增强软硬件的投资建设，尤其是软件的投资建设，为学生提供成本管理的软件环境，增强学生的动手操作能力以及对企业更深层次的认识能力；建设和完善课程的网络资源，为学生的学习提供多种渠道的便利条件；加强任课教师实践能力的培养，增强其教学能力等。

4.2　教学方法和教学手段

(1)教学方法

本课程主要采用课堂练习法、案例分析法、主题讨论法等多种教学方法。

课堂练习法：通过边讲边练的方式巩固课堂讲授的每一个知识点。

案例分析法：此方法贯穿了整个教学的全过程，每一部分的知识都有相关案例与之配套，有的是通过案例分析引入所学知识，有的是教学过程中不断引入相对应的案例，通过案例能够让学生更深刻地理解所学知识。

主题讨论法：不定期地选择具有现实意义的主题内容组织学生进行讨论，通过教师引导，激发学生的学习欲望和热情，引导学生独立思考问题，学会搜集相关信息资料，在小组内讨论，并总结讨论结果在课堂上大胆发言。此过程中一定要注意教师的身份，以学生为主，教师只是引导者。通过主题讨论法，可以增强学生对知识的记忆与理解，从而达到教学目的。

课外实践法：主要通过施工实习和毕业实习，让学生亲自到施工企业做调查研究，通过自己的亲身实践来认识成本管理的重要性，增强成本管理意识。

多种教学方法的灵活应用,能够大大激发学生的学习热情,从而增强该门课程的教学效果。

(2)教学手段

多媒体教学:课堂教学以多媒体电子课件(PPT 电子教案)为主,配合使用黑板板书。充分利用多媒体的优势,用电子课件制作大量内容丰富的教案,再配以案例、习题等内容,以取得较好的教学效果。

软件模拟教学:利用成本管理软件模拟成本控制过程,增加学生对知识的掌握。

网络教学:引导学生学会利用网络多方涉猎相关知识,开阔视野。

4.3 教学评价

本课程的评价主要是采用阶段评价与最终评价相结合、理论评价与实践评价相结合的模式,突出过程与模块评价,结合课堂提问、操作技能、课后作业等手段,实践性考核比重大些,但要注重平时的评分汇集。平时的评分内容包括对职业道德、学习能力、团队协作精神、沟通交际能力、写作能力、语言表达能力、知识的运用和掌握能力等方面的考核。

4.4 教案编写建议

教案是教师依据课程标准的要求,结合个人教学实践和学生的认知水平设计、编写的教学实施方案,教案的编写应充分体现"以学生为主体"的理念,以利于教学的组织和围绕学生知识的学习以及职业能力的培养开展教学。

一般包括以下几项:

(1)教学内容及教学组织;

(2)教学方法的选择;

(3)学习情境设计;

(4)课后作业与课外学习。

4.5 教材编写

目前,针对公路工程成本管理,尚无适用教材,应尽快完成自编教材,并依据本课程标准编写。教材的编写要充分体现项目课程设计思想,以项目为载体实施教学,项目选取要科学、符合该门课程的工作逻辑、能形成系列,让学生在完成项目的过程中逐步提高职业能力,同时要考虑可操作性。教材内容要反映新形势下的工程成本管理的内容,要与企业合作开发,让企业具有丰富实践经验的人员参与进来,同时还要结合高职高专公路工程造价专业教学的基本情况,以理论知识够用为度、注重实践能力的培养。

如果是选用教材,那么选用的教材一定要符合高职高专教学的要求,能够科学、合理地安排教材内容,帮助学生不断提高综合素质与职业能力。

《会计学概论》课程标准

【课程编码】

01030161

【课程类别】

专业特色课程

【学　　时】

48

【适用专业】

工程造价(公路工程)专业

1　课程概述

1.1　课程的性质

该课程是工程造价专业的一门专业技能课程，是学生学习的唯一会计类课程。通过本课程的学习，学生应掌握会计的基本理论和核算知识，为进一步学习工程造价相关专业课程打下良好基础。

1.2　课程设计思路

本课程以“项目教学，任务驱动”为教学理念以企业实际生产过程中涉及的主要经济业务为主线，将会计核算的七大方法融于企业实际会计工作过程中，在学习会计理论知识的同时紧密结合会计核算方法的实际运用，使学生既掌握了操作方法和操作技能，又学到了与之紧密相关的知识，突出了岗位核心能力的培养。

1.3　课程开发思路

针对工程造价专业培养主要岗位的共性能力需求，培养学生的基本会计核算能力、基本的使用和分析会计报表能力。依据职业能力分析，在广泛听取了行业企业工作者的意见和建议后，以实际工程造价工作任务为导向，以够用、适用为原则，按实际会计工作流程，采用仿真的账证资料，指导学生掌握与工程造价专业相关的各项会计知识。

2　课程目标

本课程的培养目标是培养工程造价人员的基本会计核算与分析能力。这就要求学生首先掌握会计职业的基本知识，继而通过仿真工作任务的操作，培养会计基本能力和基本素质，为后续课程的学习，为将来走向社会从事相关岗位工作，打下坚实的基础。

2.1　知识目标

(1)掌握会计要素、会计等式、复式记账法的基本知识。

(2)掌握会计信息生成的基本流程、会计核算组织基本程序、会计报表的构成及会计报表分析、会计基础工作规范、会计循环各环节核算的相关基础知识。

2.2 素质目标

(1)培养学生严谨的工作作风,认真的工作态度,细致的工作习惯。

(2)培养学生具备良好的职业道德修养,爱岗敬业,熟悉法规,依法办事,客观公正,搞好服务,保守秘密。

2.3 能力目标

(1)培养基本的会计核算能力。

(2)理解和使用会计信息能力。

3 课程内容和要求

课程内容和要求分配表见表2-27。

课程内容和要求分配表 表2-27

<table>
<tr><th>学习情境</th><th>工作任务</th><th>知识要求</th><th>技能要求</th><th colspan="2">学时安排</th></tr>
<tr><td rowspan="3">1. 总论</td><td>会计含义</td><td>明确会计在企业中的地位和工作内容</td><td>判断经济事项归属的会计要素</td><td>2</td><td rowspan="3">8</td></tr>
<tr><td>会计要素</td><td>明确各会计要素的含义</td><td rowspan="2">经济业务对会计等式的影响</td><td rowspan="2">6</td></tr>
<tr><td>会计等式</td><td>会计基本等式</td></tr>
<tr><td rowspan="6">2. 借贷记账法原理</td><td>会计科目、会计账户</td><td>会计科目与账户之间关系</td><td rowspan="2">能编制简单会计分录</td><td>4</td><td rowspan="6">40</td></tr>
<tr><td>借贷记账法</td><td>借贷记账法的规则、内容</td><td>6</td></tr>
<tr><td>日常处理——会计凭证</td><td>各类原始凭证及记账凭证的填制、审核的操作</td><td>能够了解企业的各项会计凭证处理工作</td><td>6</td></tr>
<tr><td>日常处理——账簿登记</td><td>日记账、明细账、总分类账等各类账簿的格式和登记方法;
账务处理程序</td><td>能够正确识别、登记企业各类账簿</td><td>4</td></tr>
<tr><td>货币资金和存货的核算</td><td>各类结算方式的核算;
存货盘存方法;
存货收、发、存的核算;
财产清查</td><td>会运用常见的资金结算方式、能进行财产清查和存货会计工作</td><td>8</td></tr>
<tr><td>财务会计报告</td><td>会计报告概念、内容;
资产负债表及利润表的编制</td><td>能够编制、分析和使用企业的资产负债表与利润表</td><td>12</td></tr>
<tr><td></td><td colspan="3">总 计</td><td colspan="2">48</td></tr>
</table>

4 课程实施和建议

4.1 课程的重点、难点及解决办法

课程的重点和难点在于利用实际工作,将理论与实践有机融合,在深入浅出地引导学生自主学习的同时完成本门课程有关知识能力素质的培养目标。为了保障达到教学效果,应做好如下几方面工作。

(1)认真做好课前准备,特别是做好实训材料的准备工作。

(2)及时总结学生学习过程中出现的问题,并进行点评。

(3)仔细做好指导工作。

4.2 教学方法和教学手段

在课程教学中注意因材施教,灵活运用多种教学方法,有效提高学生的学习积极性和主动性,提高课程教学效果,在教学中除了基本教学方法外,特别强调以下教学方法的运用。

(1)工作过程导向法

会计工作具有明显的阶段性特点,每一工作阶段又有着特定的工作步骤及工作内容,在实践教学环节,以会计实际工作过程为导向来组织教学,在提出工作任务后,让学生依次完成初始设置、日常处理、期末处理阶段的各项会计工作,最后提交工作成果,完成会计工作,从而为学生建立起全盘账务处理的观念,突出课程的重点和难点。教师根据工作过程给学生提供相应的操作指导,并根据实际工作过程产生的知识需求引入必需够用的理论知识,教学做相结合,有效解决理论教学的抽象、枯燥,提高学生的学习兴趣。

(2)情境式教学法

进行实践教学,课堂上按企业会计部门形式布置,设有一定数量的工作组,每个工作组有6个工作岗位,进行仿真实训。

课程实践所用的各类账证资料等耗材,全部按实际工作中形式配备,可以从市场购买的各类空白原始单证、会计账簿、会计报表等直接购入,对无法购买到的发票、销售结算单等各类空白原始单证,印制模拟替代品,提供模拟银行支票、本票、汇票以及其他全套银行结算单据,从而为学生提供充分的真实或仿真的实训耗材,保证学生在学校实践的即为其在实际工作中所面对的。

通过以上方法为学生模拟出了企业真实工作环境及氛围,使学生在学校就能置身于企业的实际情境中,从而极大拉近了教学与实践的距离。

(3)角色体验法

通过让学生扮演不同的角色来体验、掌握相关的知识和操作方法。如在会计凭证传递、日常业务处理流程等教学中让学生扮演业务经办人员、制单会计、审核会计、出纳、记账会计等角色,通过相互间的业务往来模拟,让学生掌握各会计岗位在实务工作中的分工及衔接,会计部门和相关业务部门的业务关系,以及如何在会计工作中发挥监督职能。角色扮演将枯燥的程序描述转变为生动的课堂游戏,既激发了学生浓厚的兴趣,又让学生通过角色体验加深了对知识的印象。

(4)案例教学法

对于基础知识的讲述中,充分考虑了教学对象的特点,推行案例教学方法,对每一知识的提出,均应通过浅显易懂的案例类比引出,例如在讲述会计要素时,可以日常生活中的个人为例,通过与学生共同分析比较其目前财务状况、未来财富积累趋势、目前可自由支配支出等,形象类比地引出要评价一个企业财务状况、经营成果和现金流量所应考虑的因素:资产、负债、所有者权益、收入、费用、利润,再对学生日常生活经验中对这些要素理解的偏差进行修正,从而让抽象难懂的理论知识,变得形象生动,易于理解与掌握。

(5)启发式教学法

在教学中特别注意贯彻启发式教学原则,引导学生养成勤于思考、独立思考的习惯。启发式教学不是简单的“提问式”、“讨论式”,而是在教学的每一个环节充分展示会计思维过程,这是启发式教学的核心。例如,期末损益结转向来是初学者在期末处理阶段的一个棘手环节,在讲述此部分内容时,可以从收入及费用账户的结构特点入手,引导学生分析期末结转所要达到的数据处理目标,以及为达到这一目标而精心设计的账户结构、日常资料归类整理方法、期末数据加工思路,学生自己就可以推导出结转分录的内容,轻松地逾越了这一知识难点。

教师在教学中要充分利用各种现代化的教学手段,本门课程建议结合使用以下手段。

(1)充分利用多媒体设备

在课堂教学中充分利用多媒体教学设备,包括使用风格统一、内容丰富、高度仿真,并能动态展示操作过程的电子课件,在实训环节插播简短的操作示范录像,以实物投影仪现场展示操作过程及操作结果等,从而调动学生的眼、耳、手,有效地吸引学生的注意力,教学效果直观。

(2)有效利用网络教学资源

利用网络课程将教学由课堂延伸到课外,我们通过课程教学网站,以及任课教师在校园网上的个人教学网页,将全部教学资源电子化,提供给学生,供学生在校园内随时登录使用。丰富的网上资源给学生的自主学习提供了便利条件。

4.3 教学评价

为了有效达到课程目标,本课程学生学业评价按以下方法进行。

(1)平时评价成绩占20%,主要包括对课堂提问、讨论、作业、课程中进行的分段测试成绩等。

(2)期末评价成绩占80%,期末评价采用卷考形式。

4.4 教案编写建议

教案是教师依据课程标准的要求,结合个人教学实践和学生的认知水平设计、编写的教学实施方案,教案的编写应充分体现"以学生为主体"的理念,以利于教学的组织和围绕学生知识的学习以及职业能力的培养开展教学。

一般包括以下几项:

(1)教学内容及教学组织;

(2)教学方法的选择;

(3)学习情境设计;

(4)课后作业与课外学习。

除按照学院统一规定外,教案编写还应注意以下几个方面。

(1)实训环节的教案要包括实训指导书。

(2)教案要根据授课后总结做到及时更新,并注明前后教案的差异及学生的反映。

(3)教案注重课堂设计,不要仅有内容而无实施方案。

《公路 CAD》课程标准

【课程编码】

01020012

【课程类别】

专业技能课程

【学　　时】

48

【适用专业】

工程造价(公路工程)专业

1　概述

1.1　课程的性质

该课程是工程造价专业的一门专业技能课。该课程主要向学生介绍计算机辅助设计通用软件、专业软件的使用方法,内容主要包括 AutoCAD 基础知识、AutoCAD 基本技能、AutoCAD 高级技能、公路 CAD 专业技能四大部分。通过学习,能够使学生掌握公路 CAD 相关的知识和操作技能,构建从事本专业所必需的专业素质和职业能力。

1.2　课程设计理念

(1)彻底打破传统以理论为核心组织课程内容的模式。

原用教材,注重知识的系统性、完整性,沿袭从理论到实践的模式安排课程内容。一方面会导致理论知识过于集中,增加理论学习的难度;另一方面,原用教材内容与工作岗位对接存在问题,尤其没有把工作任务放在组织课程内容的逻辑主线地位。

(2)围绕岗位任务和项目活动进行课程内容设计。

将公路 CAD 的基本操作技能组织成为项目化课程教学,围绕完成工作任务的需要进行,选择与工作任务紧密相关的知识技能形成理论与实践一体化的新课程内容体系,并以项目活动为中心组织教学。

由于在实际工作中技术人员的工作任务也是按项目进行的,因此按项目组织课程内容能使学习过程与工作过程完成无缝对接,达到职业能力培养的最佳效果。

(3)将该课程内容划分为基本学习领域和拓展学习领域两部分。

根据工作项目的难易程度和高中低岗位技能要求的不同,把课程需要掌握的基本技能作为基本学习领域的内容来组织。把相对学习困难的部分作为拓展学习领域的内容来组织。

这样,既保证了大部分学生基本知识的掌握、基本技能的形成,也为部分学生向更高职业岗位的发展创造了条件。

1.3　课程开发思路

根据高职教育的特点,按照学院"小学校、大课堂"的办学思路和"校企融合、同兴共赢"的办学模式,积极探索"校企合作、工学结合"的人才培养模式,积极探索以实践能力考核为主的课程评价方法,切实提高学生的职业能力和就业竞争力,具体措施体现在以下几个方面。

(1)基于典型工作过程分析,构建课程体系。

(2)以职业能力培养为核心,设计教学内容。

(3)以提高学生职业能力和职业素养为目标,重视实践教学。

(4)融合职业资格标准,推行双证书制。

(5)校企合作,共建新型实践教学基地。

(6)校企合作,形成实践技能课主要由企业兼职教师讲授的机制。

2 课程目标

该课程是道桥专业的一门专业课,它的先行课程是工程制图、公路设计和桥涵设计。学生在先行课中建立了空间概念,掌握了投影规则、设计规范、技术标准和道路与桥梁设计方法,通过本课程的学习,学生能够借助计算机,综合运用以前所学的知识和技能进行专业图纸的绘制和设计,满足工作岗位提出的要求。

知识目标:通过本课程的学习,掌握 AutoCAD 的基本概念;掌握计算机制图的基本知识。

技能目标:掌握 AutoCAD、公路、桥梁工程专用软件的使用方法。

能力目标:具有熟练运用计算机绘制工程图的能力和一般公路、中小桥涵的设计能力。

3 课程内容和要求

该课程主要分为四部分内容。

(1)基本绘图操作技能:二维图形的绘制、编辑、标注等技能,是数字化制图的基本技能。

(2)公路与桥梁专业二维图形绘制与打印技能:二维专业图形的绘制与出版,是本课程的核心内容,也是与专业课程结合最为紧密的内容。

(3)高级绘图技能:三维图形绘制,高级绘图技巧和二次开发提高绘图效率。

(4)公路 CAD 专业技能综合实训。

教学内容设计理念:在教学内容取舍上,重视学生在校学习与实际工作的一致性;在教学安排上,基本技能培训采用教材,高级技能培训采用设计图纸,结合《公路 CAD 基础》课程所在学期有生产实习的安排,有针对性地把学生派到设计院或施工单位进行顶岗实训,教学内容及课时分配见表 2-28。

通过本课程的学习,学生能够运用所学的基础知识和技能进行设计、绘图工作、施工技术的交底工作以及竣工图的绘制工作。

教学内容及课时分配表 表 2-28

知识模块	授课章节及内容	学时	是否实训	讲课手段
1. 基本绘图操作技能	绪论与 AutoCAD 安装	2	否	多媒体授课
	AutoCAD 绘图设置	2	否	多媒体授课
	点、直线及折线图形绘制	2	否	多媒体授课
	曲线图形绘制	2	否	多媒体授课
	图案填充与画法几何	2	否	多媒体授课
	二维图形编辑	2	否	多媒体授课
	二维图形编辑实训	2	是	多媒体辅导

续上表

知识模块	授课章节及内容	学时	是否实训	讲课手段
1. 基本绘图操作技能	文字标注	2	否	多媒体授课
	尺寸格式定义与标注	2	否	多媒体授课
	尺寸标注实训	2	是	多媒体辅导
2. 公路与桥梁专业二维图形绘制技能	道路路线图	2	否	多媒体授课
	道路路线图绘制实训	2	是	多媒体辅导
	路基路面图、平面交叉图	2	否	多媒体授课
	路基路面图绘制实训	2	是	多媒体辅导
	大中桥桥型布置图	2	否	多媒体授课
	大中桥桥型布置图实训	2	是	多媒体辅导
	桥梁构件图绘制	2	否	多媒体授课
	桥梁构件图绘制实训	2	是	顶岗实训
	小桥及涵洞图绘制实训	2	是	顶岗实训
	图形打印实训	2	是	顶岗实训
3. 高级绘图技能	三维图形绘制简介	2	否	多媒体授课
	道路与桥梁建模实训	2	是	多媒体辅导
	高级应用技巧	2	否	多媒体授课
	二次开发技术简介	2	否	多媒体授课

4 课程实施和建议

4.1 课程的重点、难点及解决办法

重点:掌握公路CAD的基本知识、基本技能和高级技能,理解、掌握并正确使用各种行业规范与标准。

难点:道路、桥梁设计图的绘制步骤、方法与技巧;专业线路、桥梁CAD软件的操作。

解决办法:

(1)按照教学内容将教学过程划分为四个阶段,组织递进式教学。

(2)根据不同阶段的不同特点,分别采用两种不同教学模式:分别采用理论实践一体化教学模式,边讲边练,讲练同步;综合实训采用项目导向教学模式,以一个真实的工程项目作为教学内容,围绕项目要求展开教学。

(3)工学结合:通过参与教师的技术服务、进入企业顶岗实习等方式实现学习与工作的有机结合。

4.2 教学方法和教学手段

(1)教学方法

根据课程内容实践性强和学生的知识结构与学习特点,灵活运用多种教学方法。

①教学方法的改革以调动学生的积极性为核心,由以教师讲授为中心转为以工程设计项

目分析为中心，以有效调动学生学习兴趣、促进学生积极思考与实践为目的，进而促进学生实际动手能力的发展为目标。从以教师讲授为主转变为以实际动手为主；从以学生听为主转变为以学生联系和讨论为主。

②注重实践教学，开展工学结合。学生在工程施工及设计繁忙时期直接到生产部门进行顶岗实训，在真实的环境中学习和运用所学公路 CAD 技能。

③不同难度的内容，处理方法不同。对于难度适中、绝大多数学生能够掌握的技能，采用集体教学的方法进行系统教育；对于难度较大又重点的内容，采用难度分解的方法，分层次教学。案例型启发教学，让学生不但从几何角度能绘制图形，而且通过对设计图的三维模拟能从施工角度深刻理解设计意图。

④建立多种媒体构成的立体化教学载体。《公路 CAD 基础》课程在学校内部建立网络课程学习网站，包括案例集、习题库、试题库、实训指导书、多媒体课件、在线测试、在线交流等教学辅助资料，为学生的自主学习开列并提供丰富有效的资料。

⑤教师及时向学生推荐扩充性学习材料，包括相关学术论文、技术前沿跟踪、工程案例集、各类的相关参考书籍等，并指导学生阅读学习，拓宽学生的知识面，为学生任务解决提供资源支持。

⑥建立以能力为核心的、开放式的全程考核系统。考核模式采用技能考试的操作模式考试，从学生对考试图形完成的数量和质量上进行考核。

⑦通过利用公路 CAD 进行道路与桥梁的课程设计作业比赛、公路 CAD 技能竞赛等，增强学生综合运用能力。

⑧学生上课规模理论教学一般为 60 人/班，实践教学一般分小组 4 ~ 8 人进行，每个小组选出小组长。

（2）教学手段

①重视多媒体课件的应用。

②利用网络技术作为学习内容和学习资源的获取工具，在网络上收集最新工程案例和公路 CAD 技术的进展。

③建立校内网络课程学习网站，利用网络的通信功能作为协商学习和讨论学习的工具、利用网络中的信息平台作为虚拟企业运作管理和创作实践工具、利用网络中的测评系统作为自我评测和学习反馈工具。

④充分利用网络教室的资源优势，实现对每个学生的面对面教学。网络教室安装专业教学软件。教师在教学主机上边讲解边演示，每一步操作都能实时显示在每台学生机上。学生可以随时提出问题；每个学生都能单独在学生机上对所学命令进行演示，教师能实时发现学生操作上的问题并及时纠正，实现对每个学生的面对面教学。

4.3 教学评价

本课程的评价主要是采用阶段评价与最终评价相结合、理论评价与实践评价相结合的模式，突出过程与模块评价，结合课堂提问、操作技能、课后作业等手段，实践性考核比重大些，但要注重平时的评分汇集。平时的评分内容包括对职业道德、学习能力、团队协作精神、沟通交际能力、写作能力、语言表达能力、知识的运用和掌握能力等方面的考核。建议在教学中分任务模块评分，在课程结束时进行综合模块考核，或者利用答辩的形式考查学生对所学知识的理解与掌握程度。这样多元化的评价体系得出的结果能够体现出本门课程的特殊性以及对学生的公平与公正。各任务模块可参照表 2-29 进行评价。

教学评价表

表2-29

领域	项　　目		工作任务	评价目标	评价方式	评价权重（%）
基本学习领域	项目一	基本绘图操作技能	AutoCAD安装	掌握AutoCAD 2012安装、基本操作、直角坐标和极坐标； 了解AutoCAD 2012绘图设置方法	过程性评价：提问、案例分析、课后作业； 总结性评价：卷考——判断题、选择题等	5
			二维绘图命令及其应用	掌握点、直线、曲线图形的参数化绘制方法； 掌握图案填充的基本方法； 掌握利用图形捕捉功能实现画法几何的技巧		10
			二维图形编辑	掌握常用编辑命令和高级编辑命令的基本操作； 结合上一章的图形绘制知识及专业图形知识，选择恰当的编辑命令来提高图形绘制的效率和技巧		15
			文字与尺寸标注	理解文字标注与尺寸标注的概念； 掌握文字标注与尺寸标注的样式并能灵活运用		10
	项目二	公路与桥梁专业二维图形绘制技能	道路工程制图	掌握公路工程常用的各种图形的绘制方法； 能熟练应用AutoCAD绘图平台解决实际工程绘图问题	过程性评价：提问、动手操作、案例分析、课后作业； 总结性评价：卷考——判断题、选择题、课程模拟实训等	10
			桥梁工程制图	掌握桥梁布置图及桥梁钢筋混凝土构件以及中小桥涵的绘制步骤、过程、绘图的基本思路以及标注方法； 掌握用AutoCAD 2012常用命令精确绘制桥、涵主要构部件； 了解桥涵中诸如桥梁地面线、桥梁中心标线、桥梁标尺、地质柱状图剖面等附属部分绘制的一般方法		10
			图形打印实训	掌握图形打印的基本技能，培养打印施工图的基本能力		10

续上表

领域	项目		工作任务	评价目标	评价方式	评价权重(%)
基本学习领域	项目三	高级绘图技能	三维图形绘制	掌握简单三维图形的绘制、修改等基本技能，培养专业三维图形的绘制的基本能力	过程性评价：提问、动手操作、案例分析、课后作业； 总结性评价：卷考——判断题、选择题，课程模拟实训	10
			高级应用技巧	掌握高级图形查询技巧、Excel、Word与AutoCAD在公路工程中的应用技巧、图块的应用、样板图的应用，培养利用AutoCAD解决实际问题和提高绘图效率的能力		10
			二次开发技术	了解AutoCAD 2012的二次开发基本方法； 掌握VBA、脚本语言（SCR）等方法快速绘制公路平面设计图、纵断面设计图、横断面设计图、互通立交设计图、桥梁结构设计图等的基本方法		10
合计						100

说明：每个模块的考核主要考察学生的出勤情况，实际动手能力，理论知识的运用与掌握情况，完成作业的准确度、完整度、规范度等，分析问题、解决问题的能力，合作沟通能力，学习态度，总结报告（报告的内容、态度、写作水平等）等评定项目。

4.4 教案编写建议

教案是教师依据课程标准的要求，结合个人教学实践和学生的认知水平设计、编写的教学实施方案，教案的编写应充分体现“以学生为主体”的理念，以利于教学的组织和围绕学生知识的学习以及实践操作能力的培养开展教学。

一般包括以下几项：

（1）教学内容及教学组织；

（2）教学方法的选择；

（3）学习情境设计；

（4）课后作业与课外学习。

4.5 教材编写

如果编写教材，那么必须依据本课程标准编写教材。教材的编写要充分体现项目课程设计思想，以实际工程项目为载体实施教学，项目选取要科学、符合该门课程的工作逻辑，能形成系列，让学生在完成项目的过程中逐步提高职业能力，同时要考虑可操作性。教材内容要反映新形势下的先进设计技术内容，要与企业合作开发，让设计企业具有丰富实践经验的人员参与进来，同时还要结合高职高专道桥专业教学的基本情况，以理论知识够用为度、注重实践能力的培养。

如果是选用教材，那么选用的教材一定要符合高职高专教学的要求，且为实际项目型教材，能够科学、合理地安排教材内容，帮助学生不断提高综合素质与实践操作能力。

《公路施工组织设计》课程标准

【课程编码】

01010031

【课程类别】

专业核心课程

【学　　时】

48

【适用专业】

工程造价(公路工程)专业

1　概述

1.1　课程的性质

该课程是研究公路基本建设过程中众多要素的合理组织与安排的学科,是土木工程系工程造价(公路工程)专业的一门专业技能课程,是在多年教学改革的基础上,通过对土木工程相关职业工作岗位进行充分的调研和分析,借鉴先进的课程开发理念和基于工作过程的课程开发理论,进行重点建设与实施的学习领域课程。目标是使学生了解我国现代公路建设的内容、特点、基本概念、基本程序;解释公路施工生产过程组织的基本原理,会应用施工生产过程时间和空间组织的基本作业方法;运用公路工程施工组织设计的基本理论编制简单的施工组织设计。它以《公路设计》和《桥涵设计》课程的学习为基础,也是进一步学习《公路工程造价》、《公路施工技术》、《桥涵施工技术》等课程的基础。

1.2　课程设计理念

(1)该课程是一门实践技术含量很高的技术课程,在教学过程中分为两个环节:理论教学环节与实训环节。在理论教学环节主要是介绍施工过程组织原理、网络计划技术、公路施工组织设计、机械化施工组织设计、施工组织设计示例等内容;在实践环节主要训练同学们网络图绘制及计算、编制简单的施工组织设计的水平。在实践环节中分两步进行:第一步,穿插在理论教学中的课间训练,主要是网络图绘制及计算基本工作的训练;第二步,大作业,实践为2周,主要锻炼同学们编制简单的施工组织设计能力。通过两个环节的训练,同学们在学完本课程后在施工单位和招投标阶段做施工组织设计基本上能顶岗使用。课程内容突出对学生职业能力的训练,相关理论知识均与所要完成的工作任务有密切联系,并充分考虑了高等职业教育对理论知识学习的需要,融合相关职业对知识、技能和态度的要求。课程的教学过程要通过校企合作等多种途径,采取工学结合等形式,充分开发学习资源,给学生提供丰富的实践机会。教学效果评价采取过程评价与结果评价相结合的方式,通过理论与实践相结合,重点评价学生的职业能力。

(2)该门课程的总学时为48学时。该课程标准以基于工作过程的课程开发理念为指导,以职业能力培养和职业素养养成为重点,根据技术领域和职业岗位(群)的任职要求,融合施工过程中的各道工序为典型工作过程，以来源于企业的实际案例为载体，以理实一体化的教学实训室为工作与学习场所，对课程内容进行序化。通过教学模式的设计、教学方法的设计、教学手段的灵活运用、教学目标的开放性设计、教学考核方法的改革等，保证学生专业能力、方法能力和社会能力的全面培养。

1.3 课程开发思路

根据高职教育的特点，按照学院“小学校、大课堂”的办学思路和“校企融合、同兴共赢”的办学模式，积极探索“校企合作、工学结合”的人才培养模式，积极探索以实践能力考核为主的课程评价方法，切实提高学生的职业能力和就业竞争力，具体措施体现在以下几个方面。

(1)基于典型工作过程分析，构建课程体系。

(2)以职业能力培养为核心，设计教学内容。

(3)以提高学生职业能力和职业素养为目标，重视实践教学。

(4)校企合作，形成实践技能课主要由企业兼职教师讲授的机制。

2 课程目标

公路施工组织设计是土木工程系工程造价(公路工程)专业的一门专业核心课程，本课程的教学目标主要是使学生了解我国现代公路建设的内容、特点、基本概念、基本程序；解释公路施工生产过程组织的基本原理，会应用施工生产过程时间和空间组织的基本作业方法；运用公路工程施工组织设计的基本理论编制一些简单的施工组织设计。

2.1 知识目标

(1)掌握流水施工原理。

(2)掌握网络计划技术的基本概念、类型及其优化。

(3)掌握公路施工组织设计文件的编制原则、依据及程序。

(4)熟悉公路施工的技术组织措施。

(5)了解机械化施工组织设计。

2.2 素质目标

(1)培养良好的思想品德、心理素质。

(2)培养良好的职业道德，包括爱岗敬业、诚实守信、遵守相关的法律法规等。

(3)培养良好的团队协作、协调人际关系的能力。

(4)培养对新知识、新技能的学习能力与创新能力。

2.3 能力目标

(1)能灵活运用流水施工原理。

(2)能确定施工项目施工的次序。

(3)能进行流水作业作图。

(4)能绘制网络计划图并计算其参数。

(5)能进行网络计划的优化。

(6)能编制公路施工组织设计文件。

3 课程内容和要求

根据专业课程目标和涵盖的工作任务要求，确定课程内容和要求(见表2-30)，说明学生应获得的知识、技能与态度。

课程内容和要求　　表2-30

学习情境	工作任务	知识要求	技能要求	学时安排	
1. 公路施工组织概论	1.1 公路基本建设程序	掌握基本建设的定义、分类、基层单位与项目组成、基本建设程序	能叙述基本建设的基层单位与项目组成；能分析基本建设程序	2	
	1.2 公路施工程序 1.3 公路施工组织设计	了解公路施工程序；掌握公路施工组织设计的概念、作用、分类和内容	能清楚的分析公路施工组织设计的概念、分类和内容	2	
2. 施工过程组织与流水施工原理	2.1 施工过程的时间组织	掌握时间组织的任务、类型及表示方法；掌握时间组织的基本作业方法	能够分清楚时间组织的表示方法；能够正确分析时间组织的各个基本作业方法	4	16
	2.2 流水施工原理	掌握流水作业的组织形式；掌握流水施工的主要参数及其相互关系	会用物料消耗定额来计算一般情况下的物料需求量	4	
	2.3 施工项目施工次序的确定	掌握约翰逊—贝尔曼法则中心思想	利用约翰逊—贝尔曼法则会计算各种施工程序的最小流水步距	4	
	2.4 流水作业的作图	掌握流水作业的作图方法	会绘制流水作业的横道图	4	
3. 网络计划技术	3.1 双代号网络计划图	熟悉网络计划的基本原理及分类；掌握双代号网络计划图的组成、工作逻辑关系、绘图原则及时间参数的计算	会绘制双代号网络图；会计算双代号网络图的时间参数	12	20
	3.2 双代号时间坐标网络计划	掌握双代号时间坐标网络计划的概念、特点及绘制方法	会绘制双代号时间坐标网络计划图	4	
	3.3 单代号网络图	掌握单代号网络图的组成和绘图原则；掌握单代号网络图时间参数的计算	会绘制单代号网络图；会计算单代号网络图时间参数	4	
4. 公路施工组织设计文件的编制	4.1 公路施工组织设计文件的编制	掌握公路施工组织设计文件编制的原则、依据及程序	会做简单的公路施工组织设计文件	8	
合　计				48	

4　课程实施和建议

4.1　课程的重点、难点及解决办法

本课程是土木工程系工程造价（公路工程）专业的一门专业核心课程，重点是培养学生利用施工过程组织与流水施工原理能简单确定施工工序的施工顺序、绘制网络计划图、编制简单的公路施工组织设计文件的能力。

本课程的教学难点是如何编写公路施工组织设计文件并进行教学实施,如何寻找企业与学校合作为学生提供实践练习的工作岗位,以及如何确定良好的施工顺序并进行教学实施工作。

解决办法是通过多种渠道加强与施工相关企业的沟通与合作,与企业合作建立校外实训基地,为学生实训提供条件;多种教学方法灵活运用,再配以课外作业等形式激发学生的学习动力,增强学生的学习兴趣,提高教学效果;建设和完善课程的网络资源,为学生的学习提供多种渠道的便利条件;加强任课教师实践能力的培养,增强其教学能力等。

4.2 教学方法和手段

(1)教学方法

本课程主要采用课堂练习、施工过程案例分析法等多种教学方法。

课堂练习:主要通过施工过程组织与流水施工原理、网络计划技术等内容的教学,让学生亲自练习流水施工横道图的绘制方法和施工项目施工次序的确定,并熟悉绘制网络计划图。

施工过程案例分析法:此方法贯穿了整个教学的全过程,每一部分的知识都有相关案例与之配套,有的是通过案例分析引入所学知识,有的是教学过程中不断引入的相对应的案例,通过案例能够让学生更深刻地理解所学知识。

多种教学方法的灵活应用,能够大大激发学生的学习热情,从而增强该门课程的教学效果。

(2)教学手段

多媒体教学:课堂教学以多媒体电子课件(PPT 电子教案)为主,配合使用黑板板书。充分利用多媒体的优势,用电子课件制作大量内容丰富的教案,再配以施工过程案例、习题等内容,以取得较好的教学效果。

网络教学:利用多媒体一体化教室、校园网等资源优势,构建本课程的教学网站,通过网络提供丰富的教学资源,包括教学大纲、教学实施计划、电子教案、PPT 课件、习题及答案、试卷、实习计划、案例、论文等。学生可以利用课下时间自主学习,开阔视野。

4.3 教学评价

本课程的评价主要是采用阶段评价与最终评价相结合、理论评价与实践评价相结合的模式,突出过程与模块评价,结合课堂提问、课后作业等手段,但要注重平时的评分汇集。平时的评分内容包括对职业道德、学习能力、沟通交际能力、语言表达能力、知识的运用和掌握能力等方面的考核。建议在教学中分任务模块评分,在课程结束时进行综合模块考核等形式考查学生对所学知识的理解与掌握程度。这样多元化的评价体系得出的结果能够体现出本门课程的特殊性以及对学生的公平与公正。各任务模块可参照表 2-31 进行评价。

教学评价表 表 2-31

学习情境	工作任务	评价目标	评价方式	评价比重(%)
1. 公路施工组织概论	1.1 公路基本建设程序	掌握基本建设的定义、分类、基层单位与项目组成、基本建设程序	过程性评价:提问、课后作业; 总结性评价:卷考——判断题、选择题、名词解释等	5
	1.2 公路施工程序 1.3 公路施工组织设计	了解公路施工程序; 掌握公路施工组织设计的概念、作用、分类和内容	过程性评价:提问、课后作业; 总结性评价:卷考——判断题、选择题、名词解释等	5

续上表

<table>
<tr><th>学习情境</th><th>工作任务</th><th>评价目标</th><th>评价方式</th><th colspan="2">评价比重(%)</th></tr>
<tr><td rowspan="4">2. 施工过程组织与流水施工原理</td><td>2.1 施工过程的时间组织</td><td>掌握时间组织的任务、类型及表示方法;
掌握时间组织的基本作业方法</td><td>过程性评价:提问、课后作业;
总结性评价:卷考——判断题、选择题</td><td>5</td><td rowspan="4">35</td></tr>
<tr><td>2.2 流水施工原理</td><td>掌握流水作业的组织形式;
掌握流水施工的主要参数及其相互关系</td><td>过程性评价:提问、施工过程案例分析、课后作业;
总结性评价:卷考——判断题、选择题、计算题</td><td>10</td></tr>
<tr><td>2.3 施工项目施工次序的确定</td><td>掌握约翰逊—贝尔曼法则中心思想</td><td>过程性评价:提问、施工过程案例分析、课后作业;
总结性评价:卷考——判断题、选择题、计算题</td><td>10</td></tr>
<tr><td>2.4 流水作业的作图</td><td>掌握流水作业的作图方法</td><td>过程性评价:提问、施工过程案例分析、课后作业;
总结性评价:卷考——判断题、选择题、计算题</td><td>10</td></tr>
<tr><td rowspan="3">3. 网络计划技术</td><td>3.1 双代号网络计划图</td><td>熟悉网络计划的基本原理及分类;
掌握双代号网络计划图的组成、工作逻辑关系、绘图原则及时间参数的计算</td><td>过程性评价:提问、动手操作、案例分析、课后作业;
总结性评价:卷考——填空题、判断题、选择题</td><td colspan="2">10</td></tr>
<tr><td>3.2 双代号时间坐标网络计划</td><td>掌握双代号时间坐标网络计划的概念、特点及绘制方法</td><td>过程性评价:提问、动手操作、案例分析、课后作业;
总结性评价:卷考——判断题、选择题、计算题</td><td colspan="2">15</td></tr>
<tr><td>3.3 单代号网络图</td><td>掌握单代号网络图的组成和绘图原则;
掌握单代号网络图时间参数的计算</td><td>过程性评价:提问、动手操作、案例分析、课后作业;
总结性评价:卷考——判断题、选择题、计算题</td><td colspan="2">10</td></tr>
<tr><td>4. 公路施工组织设计文件的编制</td><td>4.1 公路施工组织设计文件的编制</td><td>掌握公路施工组织设计文件编制的原则、依据及程序</td><td>过程性评价:提问、动手操作、案例分析、课后作业;
总结性评价:卷考——判断题、选择题、简答题</td><td colspan="2">20</td></tr>
<tr><td colspan="4">合　计</td><td colspan="2">100</td></tr>
</table>

说明:每个模块的考核主要考察学生的出勤情况,理论知识的运用与掌握情况,完成作业的准确度、完整度、规范度等,分析问题、解决问题的能力,学习态度等评定项目。

4.4 教案编写建议

教案是教师依据课程标准的要求,结合个人教学实践和学生的认知水平设计、编写的教学实施方案,教案的编写应充分体现"以学生为主体"的理念,以利于教学的组织和围绕学生知识的学习以及职业能力的培养开展教学。

一般包括以下几项:

(1)教学内容及教学组织;

(2)教学方法的选择;

(3)学习情境设计;

(4)课后作业与课外学习。

4.5 教材编写

如果编写教材,那么必须依据本课程标准编写教材。教材的编写要充分体现项目课程设计思想,以项目为载体实施教学,项目选取要科学、符合该门课程的工作逻辑,能形成系列,让学生在完成项目的过程中逐步提高职业能力,同时要考虑可实现性。教材内容要反映新形势下的公路施工组合设计内容,要与企业合作,让企业具有丰富实践经验的人员参与进来,同时还要结合高职高专工程造价专业教学的基本情况,以理论知识够用为度、注重实践能力的培养。教材编写还要考虑与其他课程相协调的内容,并要及时对教材内容进行更新。

如果是选用教材,那么选用的教材一定要符合高职高专教学的要求,且为项目型教材,能够科学、合理地安排教材内容,帮助学生不断提高综合素质与职业能力。